味觉与视觉的华丽盛宴

法式甜点盘饰技法

〔日〕松下裕介 著

唐振威 严 颖 译

河南科学技术出版社
·郑州·

目录

关于本书

- 1大匙=15mL，1小匙=5mL。
- 使用中等尺寸的鸡蛋（去壳后约50g）。
- 鸡蛋、牛奶、鲜奶油要在使用前称好分量并放进冰箱冷藏，要用时再从冰箱里取出。
- 橄榄油使用的是特级初榨橄榄油。
- 普通黄油和发酵黄油都使用无盐的。
- 每种果泥都是冷冻的，需要时才拿出来解冻。
- 大豆卵磷脂粉使用的是可以溶于水的种类。
- 使用香草荚时要将香草籽刮出来，连同豆荚一起使用。
- 手粉使用的是高筋面粉。
- 糖度表示糖液中固形物的浓度，测量时请使用糖度计。
- 平底锅使用的是铁氟龙涂层的不粘锅。
- 搅拌机使用的是直立式搅拌机，根据用途替换不同的搅拌零件，如搅拌钩、搅拌球、搅拌叶片。
- 烤箱使用的是有排气阀的蒸汽旋风烤箱。因为烤箱有各种品牌和机种，所以在配方的基础上，还要根据实际情况调整烘烤时间。如果烤箱没有排气阀的话，在制作方法中看到"打开排气阀"时可以在烘烤期间打开烤箱1~2次，让水蒸气排出，就可以达到打开排气阀的效果了。烘烤时要一边观察烤箱中的状况，一边调整。
- 一般烤箱的预热温度要比制作时的烘烤温度高20℃，使用燃气烤箱的话则要比制作时的烘烤温度低10~15℃。有时烘烤时间会增加10分钟左右。烘烤时要一边观察烤箱中的状况，一边调整。
- 预设室温大约为20℃。
- 本书中所用容器非盘子的甜点均视作盘饰甜点，装入其容器的过程亦同其他称作摆盘。

Pomme-tatin, parfumée à l'amande fumée

苹果派佐香气浓郁的熏制杏仁

苹果派、苹果蜜饯、香辛料冰淇淋、
焦糖苹果卡仕达酱、浓缩苹果汁、熏制杏仁等

从新鲜醇厚的苹果汁，
到烤制得松软香甜的苹果派，
这是一场让人垂涎三尺的苹果盛宴。
自带芳香的熏制杏仁的加入升华了味觉体验，
同时千层酥与冰淇淋的元素碰撞满足了大家多层次的口感需求。

苹果蜜饯

材料 ／4碟（容易制作的分量） 使用1/4个苹果的量

苹果……1个　　　　　　　黄油……10g

A 白酒……150g　　　　　白砂糖……适量
　│ 白砂糖……50g
　│ 柠檬汁……5g

小贴士

可冷藏保存5个月。

做法

1 将苹果削皮、去核，切成4等份。

2 将A放入锅中，中火煮至沸腾，制成糖浆。

3 放入苹果，盖上盖子，用小火煮至苹果绵软。关火，覆上保鲜膜密封，在常温下冷却。

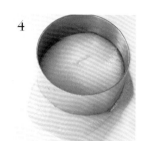

4 取出苹果，用厨房用纸轻轻擦去表面的糖浆，用直径5.5cm的圆形切模切出形状。

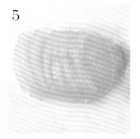

5 切成5mm厚的薄片。

6 将苹果片摆在垫了硅胶垫的桌子上，轻轻扑上一层白砂糖，再放一块黄油。

7 放入排气阀关闭的烤箱中，以160℃烤制30~40分钟后取出放凉。

8 卷起摆入盘中，用喷火枪烤制表面。

浓缩苹果汁

材料 ／10碟（容易制作的分量） 使用3g

A 苹果汁……50g
　│ 柠檬汁……1g
　│ 香草荚……1/6个
苹果力娇酒……2.5g

做法　　＊图片中为2倍的量。

小贴士

可冷藏保存3天。

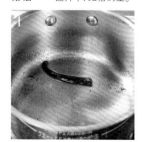

1 将A全部放入锅中，中火煮至液体黏稠。

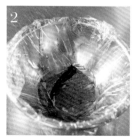

2 倒入碗中，用保鲜膜密封，在常温下冷却。

3 加入苹果力娇酒混合。

苹果泥

材料 / 7碟（容易制作的分量） 使用43g
苹果果肉……120g
A 水……270g
│ 柠檬汁……16g
B 白砂糖……21g
│ HM果胶……0.5g
苹果力娇酒……8g

做法

1 将苹果去皮，切成8块，去核后切成5mm厚的薄片。

2 将苹果和A放入锅中，盖上锅盖，小火熬煮，至苹果软烂、无纤维感后关火。

3 将苹果取出沥水后放入碗中，用搅拌机将其搅成泥状。

4 分两次将苹果泥倒入步骤2的锅中稀释，然后加入B，中火加热。

5 关火，将步骤4的材料倒入碗中，置于冰水上冷却。往冷却好的苹果泥中倒入苹果力娇酒。

小贴士

＊在煮苹果的时候，如果水变少了，可以加水。
＊可冷藏保存3天。

苹果派

材料 / 直径2.5cm的半球形硅胶模具13个（容易制作的分量） 使用2个
苹果……3个   苹果泥（参照上面）……20g
白砂糖……30g   A 白砂糖……20g
黄油……30g   │ 水……10g

做法

1 将苹果去皮，每个切成8等份，去核。

2 将白砂糖倒入锅中，中火熬煮，使其变成颜色较深的焦糖。

3 加入苹果，中火至小火边煮边搅拌。

4 至苹果释放出水分，果肉中心还留有脆感的程度时，加入黄油搅拌至熔化。

关火，加入苹果泥搅拌。

将A中的白砂糖放入另一只锅中，中火煮至深褐色后，加入A中的水。

在较深的烤盘中涂上黄油（分量外）并铺上白砂糖（分量外），将步骤6的材料倒入后，铺上步骤5的材料。

放入排气阀关闭的烤箱中，以165℃烤制1小时。

取出放入盘中，趁热分开。

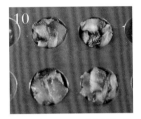

留20g出来，剩下的每块切成3份，分别装入半球形硅胶模具中。

冷冻2小时后成型，脱模后切成两半。

小贴士

＊步骤10留出的20g苹果派用作焦糖苹果卡什达酱（见第10页）的材料。

＊可冷冻保存2周。

香辛料冰淇淋

材料／20碟（容易制作的分量）　使用1个

A　牛奶……115g
　　鲜奶油（脂肪含量35％）……110.5g
　　豆蔻……1粒
　　香草荚……1/6个
　　麦芽糖……44g
　　白砂糖……17.8g
B　蛋黄……45g
　　白砂糖……17.8g
香辛料粉……适量

做法

将A放入锅中，中火煮至沸腾后关火，盖上盖子闷1小时。

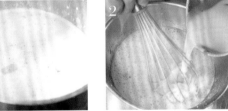

将B倒入碗中稍微搅拌一下，将再次煮沸的步骤1的材料少量多次地倒入碗中混合。

再倒入锅中，一边搅拌一边用中火煮至82℃。

过滤至碗中，放在冰水上，在10℃以下的条件下冷却。加入香辛料粉混合。

倒入冰淇淋机中搅拌，因为与空气接触，搅拌到一定程度时材料开始变白，搅拌至机器叶片有些吃力时关机。

小贴士

＊需要注意的是，如果冰淇淋在制作过程中只与少量空气接触的话，做出的冰淇淋会偏硬。

＊用冰淇淋挖球勺将做好的冰淇淋制作成冰淇淋球。

＊可冷冻保存2周。

卡仕达酱

材料／8碟（容易制作的分量）　使用20g

A　鲜奶油（脂肪含量35%）……80g
　　牛奶……140g
　　香草荚……1/2个
　　白砂糖……23g

蛋黄……48g
海藻糖……20g
玉米淀粉……10g

做法

将A放入锅中，大火煮沸后关火，盖上锅盖焖3小时，让香草荚的香味释放出来。

将蛋黄和海藻糖倒入碗中充分混合后，加入玉米淀粉再次搅拌均匀。

再次把步骤1的材料煮至将要沸腾时关火，倒一半至步骤2的碗中搅拌。

将步骤3的材料倒入步骤1的锅中，一边搅拌一边用大火煮，沸腾后转中火，煮至黏稠。

过滤至碗中，用手持式搅拌机搅拌至图中的状态后，放在冰水上，用硅胶刮刀不停地搅拌直至冷却。

小贴士

＊用硅胶刮刀不停地搅拌，是为了防止表面干燥，做出口感更加顺滑的卡仕达酱。
＊可冷藏保存2天。

焦糖苹果卡仕达酱

材料／约13碟（容易制作的分量）　使用3g
苹果派（参照第8页）、
　卡仕达酱（参照上面）
　……各20g

做法

在滤网上碾碎苹果派，装入碗中。

将卡仕达酱加入步骤1的碗中搅拌均匀。

小贴士

可冷藏保存2天。

热那亚戚风蛋糕

材料 ／30cm×30cm烤盘1个（容易制作的分量） 使用1个

A 杏仁粉……125g   B 黄油……58g   D 低筋面粉……72g
　白砂糖……72.5g   　牛奶……8g   　泡打粉……2g
　柑曼怡柑橘味力娇酒……25g
                      C 鸡蛋液……215g
                      　白砂糖……72.5g

做法

1 将A倒入和面盆内，用搅拌机中速搅拌。

2 将B倒入碗内，隔水加热至黄油熔化。

3 将C倒入别的碗内，隔水加热并搅拌至温度达到50℃以上。

4 一边用搅拌机搅拌，一边将步骤3的材料分三次倒入和面盆内。

5 将搅拌机置换成打蛋器，中速打发。

6 将混合好的D倒入和面盆中混合。

7 将步骤6的材料慢慢混入步骤2的材料中，再倒入步骤6的和面盆中细细搅拌。

8 在边长30cm的正方形烤盘中铺好烘焙纸后倒入面糊，然后铺平。

9 在烤盘下再套一个烤盘，放入排气阀关闭的烤箱中，以170℃烤制20～30分钟。

10 取出，趁热将烤好的蛋糕放在烤网上。

11 用直径2.8cm的圆形模具将蛋糕切出形状。

小贴士

＊如果将粉类材料直接倒入混合容易结块，所以要分次倒入。

＊可冷冻保存3周。

熏制杏仁

材料 ／8碟（容易制作的分量）　使用10g

杏仁碎……50g　　　　　黄油……2g

A　白砂糖……30g　　　　熏制用的苹果片……30g
　　水……10g

做法

1
将杏仁碎放入排气阀打开的烤箱中，以170℃烤至稍微变色，大概需要10分钟。

2
将A倒入锅中，中火加热到116℃后关火，加入杏仁碎搅拌，再次加热到泛白。

3
再用中火加热至材料变成焦糖色，混合均匀。

4
关火，加入黄油，使杏仁碎富有光泽。

5
倒在铺有吸油纸的烤盘中冷却，用手将粘在一起的杏仁碎分开。

6
在深口锅底部铺上锡纸，再放入熏制用的苹果片，将其点燃。

7
将熏制网放入锅中，放上杏仁碎并摊开，用锡纸封住锅口，熏制15分钟。

小贴士

＊点燃熏制用的苹果片后，先确定只有烟冒出后，再进行熏制。
＊用锡纸完全密封锅口的话，锅内的烟会熄灭，封口时要注意留出一点缝隙。
＊在有干燥剂、密封的情况下，可常温保存7天。

千层酥

材料 ／直径2.8cm、高5cm的切模30个（容易制作的分量）　使用1个

A　低筋面粉……150g　　C　盐……10g
　　高筋面粉……250g　　　酸奶油……50g
　　发酵黄油……130g　　　白砂糖……35g

B　低筋面粉……95g　　　　白葡萄酒醋……3g
　　高筋面粉……95g　　　水（过滤后的冰水）……100g
　　发酵黄油……450g

小贴士

面团可冷冻保存3周（保存时要覆上保鲜膜）。烤好后常温下可保存1天。

做法

参照第15~17页做好千层酥的面团，用直径2.8cm的切模切出形状，放入排气阀打开的烤箱中，以180℃烤制20分钟左右。

〈摆盘〉

材料 / 1人份

鲜奶油（脂肪含量35％，7分发）……8g
热那亚戚风蛋糕……1个
苹果泥……20g
香草味酥屑（参照第28页）……5g
A　苹果泥……3g
　　浓缩苹果汁……3g
　　焦糖苹果卡仕达酱……3g

苹果派……2个
香辛料冰淇淋……1个
苹果蜜饯……1/4个苹果的量
千层酥……1个
熏制杏仁……10g
角堇花……适量

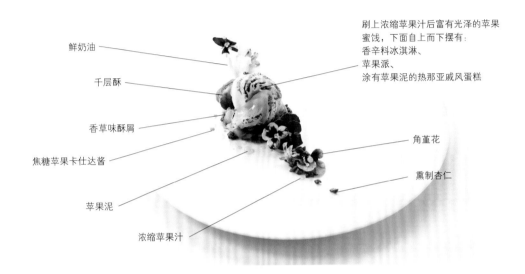

鲜奶油

千层酥

香草味酥屑

焦糖苹果卡仕达酱

苹果泥

浓缩苹果汁

刷上浓缩苹果汁后富有光泽的苹果
蜜饯，下面自上而下摆有：
香辛料冰淇淋、
苹果派、
涂有苹果泥的热那亚戚风蛋糕

角堇花

熏制杏仁

摆盘窍门 / 容器：大圆盘（直径30.5cm）

1

舀1勺鲜奶油，在盘子上画出
一条弧线。将热那亚戚风蛋糕
摆放在弧线尖端位置，再涂上
苹果泥。

2

撒上一层香草味酥屑。将A分
别装入裱花袋中，在盘上绘制
点状图案。然后在戚风蛋糕上
摆放苹果派，再摆放用15mL
的挖球勺制作的冰淇淋球。

3

摆上苹果蜜饯，用烘焙用毛笔
蘸取A中剩下的浓缩苹果汁刷
在蜜饯上。摆上千层酥。

4

撒上熏制杏仁，用角堇花装
饰，并用苹果泥在花瓣上点
出露水状装饰。

Kaki, banane et rhum façon mille-feuille

柿子、香蕉与朗姆酒的千层派组合

朗姆酒冰淇淋、焦糖香蕉、奶香柿子、焦糖、
朗姆酒风味奶油等

千层派，可以让你享受到层次分明的酥皮与顺滑的奶油在口中的完美交融。
这一部分介绍了盘饰料理的诀窍。
将两块精致的千层酥巧妙地置于盘内，组成一组造型别样的千层派，将浓浓的秋意锁进食物的美味之中。
它展现出了食物的层次感，达到了美食的最佳视觉效果。

千层酥

材料／1000g（烤制前，容易制作的分量）　使用2个（约100g）

A　低筋面粉……150g　　C　盐……10g
　　高筋面粉……250g　　　　酸奶油……50g
　　发酵黄油……130g　　　　白砂糖……35g
B　低筋面粉……95g　　　　白葡萄酒醋……3g
　　高筋面粉……95g　　　水（过滤过的冰水）……100g
　　发酵黄油……450g

准备

1
将A中的粉类过筛到碗中，黄油切成小块倒入碗中，冷冻30分钟。（a）

2
将B中的粉类过筛到新的碗中，黄油切成小块倒入碗中，冷藏1小时。（b）

3
再拿一个碗盛放C，将C搅拌成糊状后，加入水冷藏30分钟。（c）

面团制作

1
将a倒入搅拌机中，分多次高速搅拌，直至黄油变成细小颗粒。

2
将c加入搅拌机内，分多次高速搅拌，直至形成面团。

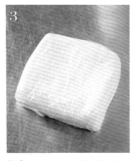

3
做成15cm×15cm的正方形面饼并用保鲜膜密封，冷藏1天。

4
将b倒入搅拌机内，高速搅拌至形成面团。

5
做成20cm×20cm的正方形面饼并用保鲜膜密封，冷藏1天。

6
将步骤5的面饼放置在撒过干面粉（分量外）的操作台上，用擀面杖将面饼由四角均匀擀开。

7
多次擀制，将其擀成厚1～1.5cm、边长25cm的正方形面饼。

8
将步骤3的面饼如图所示放上去。

9
将四角向内折，接口处要仔细捏紧。

接口处朝下，用擀面杖轻轻擀制成厚1.5cm的面饼后，用保鲜膜密封，冷藏30分钟。

将冷藏好的面饼放置在撒有干面粉（分量外）的操作台上，为防止面饼开裂，用手心轻轻按压四边。

用擀面杖将面饼由内向外轻轻地均匀擀开。

继续擀制，做成18cm×54cm的长方形。

为了保证四边为直线，一边注意用切面刀整理形状，一边擀制为厚1.5cm的面饼。

将两端各切掉1.5cm宽后，用刷子掸上一层干面粉（分量外），将面饼叠成三层。

用切面刀整理形状后，再用擀面杖将叠好的面饼上下左右稍微压紧，用保鲜膜密封，冷藏1小时。

从冰箱中拿出来摊在撒好干面粉（分量外）的操作台上，参照步骤11~14的方法擀制成厚1cm的面饼。

将两端各切掉1.5cm宽后，用刷子掸上一层干面粉（分量外），将面饼叠成三层。

用切面刀整理形状后，再用擀面杖将叠好的面饼上下左右稍微压紧，用保鲜膜密封，冷藏1小时。

从冰箱中拿出来摊在撒好干面粉（分量外）的操作台上，参照步骤11~14的方法擀制成厚8mm的面饼。

将两端各切掉1.5cm宽后，用刷子掸上一层干面粉（分量外），将面饼叠成三层。

用切面刀整理形状后，再用擀面杖将叠好的面饼上下左右稍微压紧，用保鲜膜密封，冷藏1小时。

从冰箱中取出，将面饼切成两半。

用擀面杖擀成均匀的厚4mm的面饼后，放置在铺有烘焙纸的烤盘上，冷藏30分钟。

从冰箱中取出，放置在撒有干面粉（分量外）的操作台上，用手轻拍面饼。

26	27	28	29

用擀面杖擀制成厚3mm、边长30cm的正方形面饼，用切面刀整理形状后，用保鲜膜密封，冷藏30分钟。	从冰箱中取出后放置在铺有烘焙纸的烤盘上，用手轻拍面饼，用保鲜膜密封，冷藏1小时。	从冰箱中取出，切出两片宽2cm左右的长方形面饼，一片长20cm左右，另一片长13cm左右。	将每一片长方形面饼切成如图所示的形状。（d）

烘烤

1	2	3	

准备好直径15cm和16cm的圆形切模，外围涂上黄油（分量外）并围上烘焙纸。	将d围在直径15cm的切模外围。	将直径16cm的切模套在外面。剩下的面饼也是同样的做法。将面饼放入排气阀打开的烤箱中，以180℃烤制20分钟左右。	**小贴士** ＊折叠面饼时注意中间不要有气泡。 ＊两个切模的高度要求在3cm以上（图片上的为5cm）。 ＊面饼可冷冻保存3周（但是需要用保鲜膜密封保存）。烤制后的成品可常温保存1天。

朗姆酒风味奶油

材料／10碟（容易制作的分量）　使用15g
鲜奶油（脂肪含量35%）……130g
朗姆酒……13g

做法
将鲜奶油打发至9分发，加入朗姆酒混合。

小贴士

可冷藏保存2天。

焦糖香蕉

材料／1碟　使用3个
香蕉（厚1cm的圆片）……3片
甜菜糖……适量

做法
将香蕉圆片摆在烤盘上，表面铺上一层甜菜糖，用喷火枪炙烤。

小贴士

可冷藏保存1天。

树叶形薄饼

材料／15片（容易制作的分量）　使用1片大的、3片小的

A　甘薯（随意切）……63g
　　牛奶……20g
牛奶……26g
糖粉……10g

　　低筋面粉……5g
　　肉桂粉、巧克力食用色素（橙黄色）……各适量

做法

将A放在微波炉专用器具中，在微波炉中以500W的功率加热3分钟至甘薯熟透，碾成泥。

称出60g甘薯泥，与牛奶混合后，按顺序筛入糖粉、低筋面粉、肉桂粉，混合均匀。

在硅胶垫上放置大、小树叶模具，用小刮刀将步骤2的材料制成树叶状。

放入烤盘，再放入排气阀打开的烤箱中，以160℃烤制10分钟左右至颜色变深。

烤完后立刻取出，做出"树叶"的卷边。

在喷枪里装入巧克力食用色素，给薄饼上色。

小贴士

＊树叶模具可以用自己喜欢的大小的塑料片制作。
＊保存时如有干燥剂，可常温保存4天。

朗姆酒冰淇淋

材料／15碟（容易制作的分量）　使用30g

A　牛奶……157g
　　鲜奶油（脂肪含量35％）……152g
　　麦芽糖……21g
　　香草荚……1/3个

B　白砂糖……24g
　　甜菜糖……24g
　　蛋黄……53g
朗姆酒……10g

做法

将A倒入锅中，中火煮沸后，用保鲜膜密封，冷藏1小时。

将B倒入碗内混合均匀，将步骤1的材料再次煮沸后缓缓倒进碗内搅拌。

倒回锅中，一边搅拌一边用小火至中火煮至82℃。

将步骤3的材料过滤到碗内，放在10℃以下的冰水上冷却，加入朗姆酒混合。

倒入冰淇淋机中搅拌，因为与空气接触，搅拌到一定程度时开始变白，搅拌至机器叶片有些吃力时关机。

小贴士

＊需要注意的是，如果冰淇淋在制作过程中只与少量空气接触的话，做出的冰淇淋会偏硬。

＊可冷冻保存2周。

慕瑟琳奶油

材料 / 10碟（容易制作的分量） 使用40g
黄油……50g
奶油奶酪……40g
卡仕达酱（参照第10页）
……150g
朗姆酒……5g

做法

将常温软化后的黄油在碗中压成奶油状，再加入奶油奶酪混合均匀。

将软化后的卡仕达酱分次加入碗中，搅拌至顺滑、无颗粒物。

加入朗姆酒，再次搅拌。

小贴士

可冷藏保存1天。

奶香柿子

材料 / 5碟（容易制作的分量）　使用20g
白砂糖……30g
黄油……10g
柿子（稍微硬一点的柿子，切成小方块）……100g
朗姆酒……3g
肉桂粉……适量

小贴士

可冷藏保存1天。

做法

将白砂糖倒入锅中，中火加热至浓稠、呈焦糖色。

关火，加入黄油搅拌。

倒入切好的柿子，一边搅拌一边中火加热。

关火，加入朗姆酒和肉桂粉调味。

〈 摆盘 〉

材料 / 1人份
焦糖酱（参照第95页）……15g
千层酥……2个
慕瑟琳奶油……40g
巧克力奶酥（参照第100页）……5g
朗姆酒风味奶油……15g
柿子……1/4个

焦糖香蕉……3个
奶香柿子……20g
朗姆酒冰淇淋……30g
树叶形薄饼……1片大的、3片小的
装饰巧克力（参照第148页）……3g
酢浆草……适量

装饰巧克力
酢浆草
树叶形薄饼
奶香柿子
朗姆酒冰淇淋
千层酥

焦糖酱
焦糖香蕉
柿子
慕瑟琳奶油
朗姆酒风味奶油
巧克力奶酥

用勺子舀出焦糖酱，在盘中画出弧线。

将千层酥错开摆放，留出空隙，用装在裱花袋中的慕瑟琳奶油填补空隙。

撒上巧克力奶酥，将小勺子制作的朗姆酒风味奶油球摆放好。

将切成两份的柿子和焦糖香蕉摆上去。

将奶香柿子摆在奶油球和柿子旁边。

用稍大一点的勺子制作朗姆酒冰淇淋球，并摆在千层酥的中央。

将树叶形薄饼摆在摇摇欲坠的位置。

摆上装饰巧克力，用酢浆草进行点缀。

基础技法 1
鲜奶油的不同打发状态

本书作品中使用的鲜奶油的打发状态有7分发、8分发、9分发。
虽然都是用机器打发的，但是打发状态却有所不同。
因为酱料、面团等的制作对奶油打发的要求不一，在此大致介绍一下。

7 分发
稍微有点硬度。

8 分发
奶油上端会有小角。

9 分发
奶油上端的小角可立起。

Soufflé au fromage et fruits rouges, parfumé au thym

奶酪舒芙蕾佐莓果百里香风味冰淇淋

奶酪舒芙蕾、莓果百里香风味冰淇淋、
椰汁冰淇淋、百里香风味奶油奶酪、白兰地风味奶油、
车厘子蜜饯、杏子和橙子蜜饯等

草莓、覆盆子、蓝莓等小果儿的酸甜，
奶油的软滑，与恰到好处的盐味巧妙地组合在了一起。
不同味道之间的相互映衬，舒芙蕾、冰淇淋、蜜饯、奶油等各种元素的碰撞，
以及百里香的融入，使作品获得了完美的整体效果。

奶酪舒芙蕾

材料 / 直径5.5cm、高5cm的切模10个（容易制作的分量） 使用1个

蛋白……54.5g	牛奶……35g	白砂糖……17.5g
柠檬汁……2.3g	鲜奶油（脂肪含量35%）……35g	海藻糖……18g
奶油奶酪……62.5g	A 蛋黄……18g	
切达奶酪……10g	白砂糖……5g	
	玉米淀粉……7g	

准备

1
把蛋白和柠檬汁倒入打蛋盆内，冷藏10~15分钟。（a）

2
用保鲜膜封住切模的底部，并用橡皮筋牢牢绑住。（b）

做法

1
将奶油奶酪和切达奶酪放入碗内，隔水加热至熔化。

2
将牛奶、鲜奶油倒入锅内，中火煮至沸腾后，与搅拌均匀的A混合。

3
一边中火加热，一边用硅胶刮刀搅拌均匀。

4
将步骤3的材料倒入步骤1的碗中，用手持式搅拌机混合至顺滑、无颗粒后，用硅胶刮刀再次搅拌。

5
从冰箱中取出a，加入白砂糖和海藻糖，用搅拌机高速打发。

6
将步骤5的材料的1/3倒入步骤4的碗中，搅拌均匀后，加入剩下的，搅拌成可流动的糊状。

7
将b有间隔地摆放在烤盘上，用装有步骤6的材料的裱花袋往切模内挤1.5cm高的混合物，并保持表面平整。

8
向烤盘内倒入热水（分量外），放入排气阀打开的烤箱中，以130℃蒸烤30分钟左右。

9
烤制完毕后取出，连着保鲜膜一起放入冰箱冷藏1小时。

小贴士

＊搅拌机需要配合打蛋器使用。
＊为了防止蒸烤时热水进入切模内，水位线要在橡皮筋下方。烤制过程中如果没水了，需要再次加水。
＊可冷冻保存2周。

百里香风味奶油奶酪

材料 / 8碟（容易制作的分量） 使用30g

奶油奶酪……58g   白砂糖……23g   鸡蛋……1个
卡门贝尔奶酪……13g   海藻糖……17g   柠檬汁……2.3g
牛奶……38g   香草荚……1/6个   百里香粉……适量
鲜奶油（脂肪含量35%）……41g   玉米淀粉……6g

做法

将奶油奶酪和卡门贝尔奶酪放入碗中，隔水加热至软化。

往锅内倒入2/3的牛奶、鲜奶油、2/3的白砂糖、海藻糖、香草荚，中火煮沸。

将剩下的白砂糖和玉米淀粉倒入新的碗中混合均匀，与剩下的牛奶一起倒入步骤2的锅中，中火煮沸。

用硅胶刮刀将步骤1的材料搅拌均匀后，加入步骤3的材料，用手持式搅拌机搅拌至顺滑、无颗粒。加入鸡蛋、柠檬汁和百里香粉，搅拌均匀。

过滤到加深方盒中。

将方盒放置在烤盘内，往烤盘中注入热水（分量外），放入排气阀打开的烤箱中，以130℃蒸烤30分钟。

将材料转移到碗内，放在冰水上，用手持式搅拌机搅拌至顺滑。

小贴士

＊百里香粉的用量为有香味即可。
＊因为卡门贝尔奶酪上有白色霉菌，所以步骤5要用滤网过滤。
＊蒸烤过程中如果没水了，需要再次加水。
＊可冷藏保存3天。

莓果百里香风味冰淇淋

材料 / 20碟（容易制作的分量） 使用2个

牛奶……160g
鲜奶油（脂肪含量35%）……40g
白砂糖……46g
麦芽糖……12g
百里香……2g
A 草莓泥……200g
   覆盆子泥……60g
   樱桃……40g

B 柠檬汁……4g
   车厘子力娇酒……10g
   覆盆子（冰冻、整个）……40g
   蓝莓（切成两半）……12g

准备

将牛奶、鲜奶油、白砂糖倒入锅内，一边搅拌一边用中火煮至沸腾。

加入麦芽糖煮至溶化，再加入百里香，关火，用保鲜膜密封闷1天。（a）

做法

将a再次煮沸后，过滤至碗内。

将制作成泥的A倒入新的碗中，加入B搅拌，再加入步骤1的材料，放在冰水上冷却至10℃以下，用手持式搅拌机搅拌均匀。

倒入冰淇淋机中搅拌，因为与空气接触，搅拌到一定程度时材料开始变白，加入覆盆子和蓝莓。

搅拌至机器叶片有些吃力时关机。

小贴士

＊需要注意的是，如果冰淇淋在制作过程中只与少量空气接触的话，做出的冰淇淋会偏硬。
＊使用做好的冰淇淋，用15mL的冰淇淋挖球勺制作两个冰淇淋球。
＊可冷冻保存2周。

车厘子蜜饯

材料 / 10碟（容易制作的分量）
车厘子（冰冻、整个）……50g
白砂糖……25g
樱桃泥……12.5g

使用2个
柠檬皮（擦成皮屑）……1.8g
百里香粉……0.3g

做法

除了百里香粉外其余材料全放进锅内，用中火煮制时不要将车厘子煮烂。

加入百里香粉混合。

小贴士

＊煮好的糖浆，用于制作车厘子奶酪酱（第27页）。
＊可冷藏保存3天。

椰汁冰淇淋

材料 / 20碟（容易制作的分量）　使用30g
脱脂牛奶……500g　　　白砂糖……70g
椰丝……100g　　　　　椰子味力娇酒……12.5g

准备

将脱脂牛奶倒入微波炉专用耐热碗中，在微波炉中以500W的功率加热5分钟后，加入椰丝，用保鲜膜密封，冷藏1天。（a）

做法

1 将a过滤至碗中，用手挤压滤网中的椰丝，再加入白砂糖和椰子味力娇酒混合。

2 倒入冰淇淋机中搅拌，因为与空气接触，搅拌到一定程度时材料开始变白，搅拌至机器叶片有些吃力时关机。

小贴士

＊因为脱脂牛奶容易烧煳，加热时要不停地搅拌。
＊材料在放进冰淇淋机前如果温度在10℃以上的话，先放在冰水上冷却至10℃以下。
＊需要注意的是，如果冰淇淋在制作过程中只与少量空气接触的话，做出的冰淇淋会偏硬。
＊可冷冻保存2周。

柠檬奶油

材料 / 20碟（容易制作的分量）　使用10g
柠檬汁……35g
橙子酱……25g
蛋黄……13g
白砂糖……10g
巧克力粉（可可含量36%）……35g
鲜奶油（脂肪含量35%，7分发）……15g

小贴士

应加入冷冻2周的鲜奶油搅拌，搅拌后的奶油可冷藏保存1天。

做法

1 将柠檬汁和橙子酱倒入锅中，用中火煮沸。

2 将蛋黄和白砂糖倒入碗中搅拌均匀后，再慢慢加入步骤1的材料进行搅拌。

3 将步骤2的材料倒回步骤1的锅内，一边搅拌一边用中火煮至81℃，然后关火。

4 将材料过滤至碗中，加入巧克力粉后用手持式搅拌机搅拌均匀。隔冰水冷却后，加入鲜奶油搅拌。

杏子和橙子蜜饯

材料 / 12碟（容易制作的分量） 使用10g
杏子（去核，切成3mm见方的块）……30g
橙子（切成1cm见方的块）……50g
三温糖……30g
茴香粉……适量

做法
把除了茴香粉以外的材料放入锅中，用小火煮至黏稠，再加入茴香粉进行调味。

小贴士

＊大火加热会加速水分的蒸发，所以要用小火加热。
＊可冷藏保存7天。

车厘子奶酪酱

材料 / 5碟（容易制作的分量） 使用8g
车厘子蜜饯糖浆……15g
马斯卡彭奶酪……30g
车厘子力娇酒……2.5g

做法
将所有材料倒入碗内搅拌均匀。

小贴士

＊所使用的车厘子蜜饯糖浆是在制作车厘子蜜饯（见第25页）时留下的糖浆。
＊可冷藏保存2天。

白兰地风味奶油

材料 / 8碟（容易制作的分量） 使用20g
奶油奶酪……55g   樱桃白兰地……2g
酸奶油……15g   鲜奶油（脂肪含量35％）……75g
白砂糖……12g   柠檬汁……2g

做法 ＊图片中为2倍分量。

将奶油奶酪、酸奶油、白砂糖和樱桃白兰地倒入碗内搅拌至顺滑。

少量多次地加入鲜奶油，搅拌至顺滑、无颗粒。

打发至材料可立起三角后，加入柠檬汁进行搅拌。

小贴士

＊奶油奶酪在热环境中会熔化，从而难以打发至最佳效果，所以在较高室温下要尽快将奶油奶酪打发。
＊因为柠檬汁中的酸会起到凝固作用，所以加入柠檬汁之后不要搅拌过度。此外，为避免铁容器与酸反应，建议尽量使用塑料碗。
＊可冷藏保存1天。

香草味酥屑

材料 / 20碟（容易制作的分量） 使用10g

A 黄油……55g
发酵粉……55g
盐……0.4g
香草荚……0.5个
白砂糖……67g

鸡蛋液……6g
B 低筋面粉……100g
高筋面粉……75g
可可脂……烤制好的成品的1/3的量

准备

将A倒入面粉搅拌碗内，用搅拌机低速搅拌顺滑后，加入白砂糖搅拌。

少量多次地加入鸡蛋液，搅拌均匀后，加入过筛后的B，搅拌至无面粉颗粒后，放入冰箱冷藏一晚。

做法

从冰箱中取出材料，用网眼较大的筛子过筛至烤盘内铺平。

放入排气阀打开的烤箱中，以160℃烤制10分钟左右后取出，剥成碎屑，再烤制5分钟左右至颜色变深。

将可可脂以500W微波加热，每次设置1分钟，多次进行加热，熔化后加入步骤2的材料搅拌。

将步骤3的材料铺在铺有吸油纸的烤盘内，放入冰箱冷藏1小时至可可脂凝固。

小贴士

＊面粉搅拌碗要与搅拌机配合使用。
＊可可脂的用量根据烤制好的酥屑而定。

蛋白酥

材料 / 80个（容易制作的分量） 使用2个
蛋白……65g
柠檬汁……3g
糖粉……24g
海藻糖……24g
玉米淀粉……6g

做法

将除了玉米淀粉以外的其余材料放入搅拌碗内，隔水加热并搅拌，至温度达到70℃。

用搅拌机打发至提起时材料末端可呈现鸡尾状。

加入玉米淀粉，用硅胶刮刀充分搅拌。

小贴士

＊打发用具用搅拌机即可。
＊放在有干燥剂的密封容器内常温可保存7天。

装入装有小圆形花嘴的裱花袋中，在垫有硅胶垫的烤盘中挤出圆形糊。

放入烤箱，以100℃烘烤2小时后，从硅胶垫上取下来。

糖衣蔓越莓

材料／15碟（容易制作的分量）　使用10g

水……12.5g

糖粉……50g

蔓越莓（烘干，切成5mm见方的块）……50g

小贴士

放在有干燥剂的密封容器内常温可保存2周。

做法　＊图片中为2倍分量。

将水和糖粉倒入锅中，中火加热到118℃，煮至浓稠。

换成小火，加入蔓越莓后，用木勺搅拌至收汁。

放在烘焙纸上，弄散，成为粒状后冷却。

薄荷砂糖

材 料 ／17碟（容易制作的分量） 使用3g

蛋白……1.5g

薄荷叶……3g

细砂糖……33g

小贴士

放在有干燥剂的密封容器内常温可保存2周。

做法 ＊图片中为3倍分量。

1	2	3	4
将蛋白放入盆中打散，加入薄荷叶搅拌，使薄荷叶裹满蛋白液。	加入细砂糖，使薄荷叶裹满细砂糖。	将处理好的薄荷叶铺在铺有烘焙纸的烤盘上，放在湿度低且凉爽的地方，风干2天，过程中要将薄荷叶翻面。	将薄荷叶放入搅拌机中，高速搅拌成粗颗粒。

〈 摆盘 〉

材 料 ／ 1 人份

车厘子奶酪酱……8g

百里香风味奶油奶酪……30g

香草味酥屑……10g

糖衣蔓越莓……10g

白兰地风味奶油……20g

车厘子蜜饯……2个

蓝莓（切成两半）……2个的分量

杏子和橙子蜜饯……10g

奶酪舒芙蕾……1个

柠檬奶油……10g

薄荷砂糖……3g

A 莓果百里香风味冰淇淋……2个

B 椰汁冰淇淋……30g

覆盆子……2个

食用菊花（花瓣）……2片

蛋白酥……2个

百里香和糖粉……各适量

百里香

沾上糖粉的覆盆子

车厘子奶酪酱

蛋白酥

香草味酥屑

车厘子蜜饯

糖衣蔓越莓

柠檬奶油

奶酪舒芙蕾，下面是白兰地风味奶油、杏子和橙子蜜饯

食用菊花

裹上薄荷砂糖的莓果百里香风味冰淇淋

百里香风味奶油奶酪

椰汁冰淇淋

蓝莓

用车厘子奶酪酱在盘中画出线条，接着用装有圆形花嘴的裱花袋装饰上百里香风味奶油奶酪。

撒上香草味酥屑和糖衣蔓越莓。

放上两团球状的白兰地风味奶油。

放上车厘子蜜饯和蓝莓，并将杏子和橙子蜜饯放在白兰地风味奶油上。

将奶酪舒芙蕾放在中央，再将柠檬奶油装入裱花袋中，挤出圆点状装饰。

用15mL的挖球勺制作2个A球，裹上薄荷砂糖后放入盘中，再放上B。

放上顶端沾了糖粉的覆盆子，用百里香、菊花和蛋白酥装饰。

小贴士

将冰淇淋直接放在盘子上很容易融化，因此将其放在香草味酥屑上。

基础技法 2

梭子状的塑形方法

用勺子将鲜奶油或冰淇淋弄成圆筒状。
较深的勺子比较方便做出梭子状，
如果有不同型号的勺子，会很方便。

准备一碗热水，将勺子泡在水中。

将鲜奶油等刮到碗的边缘。

从碗底向碗沿一口气向上刮。

马上放到盘中想要摆的位置。

Composition à la poire, Earl Grey et olive
西洋梨、伯爵茶及橄榄油的合奏

西洋梨慕斯、伯爵茶布蕾、西洋梨雪糕、
橄榄香草西洋梨蜜饯、蜂蜜橄榄油汁等

在香甜又入口即化的西洋梨中加入伯爵茶的佛手柑香气及味道，口感十足。
利用橄榄油提味，其特殊的口感增添了味道上的张力与变化。
以清脆多汁的日本梨做装饰，除了能和西洋梨的口感及味道形成对比之外，
外观上也能表现出个性及趣味。

伯爵茶布蕾

材料 / 直径5.5cm、高5cm的圈模9个（容易制作的分量）　使用3/4个

牛奶……90g　　　　　　　　　　蛋黄……55g

鲜奶油（脂肪含量35%）……90g　　细砂糖……40g

伯爵茶叶……4g　　　　　　　　　吉利丁片……2g

做法

1 将牛奶与鲜奶油放入锅中，以中火煮沸后关火，加入伯爵茶叶搅拌，覆上一层保鲜膜，闷5分钟。

2 过滤至另一个锅中，重新以中火煮沸。

3 将蛋黄及细砂糖放入碗中搅拌，接着分次加入步骤2的材料搅拌。

4 将步骤3的材料倒回锅中，一边搅拌，一边以中火加热至82℃。

5 煮好之后用筛网过滤到碗中。用冰水（分量外）泡开吉利丁片，使吉利丁片溶入水中，加入碗中。

6 将碗泡入冰水中，一边搅拌一边降温。

7 将圈模的底部包上保鲜膜，用橡皮筋固定后放在烤盘上，圈模之间留出间隙。在每个圈模中倒入约1cm高的步骤6的材料。

8 连同烤盘一起覆上保鲜膜，再扣一个烤盘，放入开启蒸汽功能的烤箱中，以100℃蒸烤8~10分钟。

9 从烤箱中取出后，取下上面的烤盘和覆着的保鲜膜，冷却。

10 取下底部的保鲜膜，将布蕾脱模，放在铺了OPP（一种聚丙烯）塑料纸的烤盘中，冷藏3小时，使其变硬。

11 每个切成4块。

小贴士

＊烤到即使摇晃盘子布蕾也不会晃动的状态就代表烤好了。
＊可冷冻保存7天。

西洋梨雪糕

材料 / 15碟（容易制作的分量）　使用4个

西洋梨（大，可用香蕉梨代替）……1/2个　B 西洋梨果泥……50g
柠檬汁……7.5g　　　　　　　　　　　　柠檬汁……7g
A 细砂糖……50g　　　　　　　　　　　苹果力娇酒……18g
　水……135g

做法

1

将西洋梨去皮、去核，切成1cm见方的块。

2

将梨块及柠檬汁倒入锅中，盖上锅盖，以小火煮至西洋梨变软且呈透明状。

3

离火后放凉，将锅泡入冰水中降温。

4

在另一个锅中加入A，以中火煮沸后，继续加热3分钟。煮好之后倒入碗中，再将碗泡入冰水中，一边搅拌一边降温。

5

将步骤3的材料及B加入步骤4的碗中搅拌，再将碗泡入冰水中，使温度降至10℃以下。

6

放入冰淇淋机中，搅拌至雪糕液因打入空气开始变白，并且变硬到可以附着在搅拌叶片上的程度。

7

将步骤6的材料倒在铺有OPP塑料纸的操作台上，盖上一张塑料纸，将材料夹在中间，用擀面杖擀制成大约1cm厚。

8

放入冰箱冷冻2小时。从冰箱中取出，切成1cm见方的块。

小贴士

＊雪糕液中空气含量太多的话，雪糕会变得很硬，必须特别注意。
＊在材料两侧放上1cm高的方形木条，有助于擀出均匀的厚度。
＊可冷冻保存2周。

橄榄香草西洋梨蜜饯

材料 / 8碟（容易制作的分量）　使用10g

西洋梨……100g　　　　　　　细砂糖……30g

橄榄（咸味偏淡）……20g　　　香草荚……1/2个

做法

1
将西洋梨去皮、去核，切成1.5cm见方的块，橄榄切成5mm见方的块。

2
将西洋梨和细砂糖、香草荚一起放入锅中，以中火加热直到材料出现黏稠感（糖度42%）。

3
离火后加入橄榄搅拌。

小贴士

＊熬煮西洋梨的时候要记得捞出杂质。
＊如果用的是带种子的橄榄，要去种子。若味道太咸，切成5mm见方的块后泡水大约12小时，以去除盐分。
＊可冷藏保存7天。

酒煮西洋梨

材料 / 4碟（容易制作的分量）　使用25g

西洋梨……1/4个　　　　　　香草荚……1/2个

白酒……100g　　　　　　　柠檬（1cm厚的片状）……1片

细砂糖……30g　　　　　　　橙子（2cm厚的片状）……1片

小贴士

可冷藏保存5天。

做法

1
将西洋梨去皮、去核，切成三块。

2
将西洋梨以外的材料放入锅中，以中火煮沸，接着加入西洋梨，以小火煮5分钟左右，直到西洋梨变软。

3
煮好之后倒入碗中，覆上保鲜膜（直接覆盖在糖水上），在常温中放凉后，放入冰箱中冷藏1天。

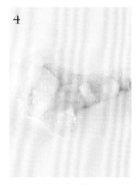
4
取出西洋梨，切成5mm见方的块。

西洋梨慕斯

材料 / 直径4.5cm的半球形硅胶模15个（容易制作的分量）　使用1个

西洋梨果泥……83g　　　　　鲜奶油（脂肪含量35%，7分发）……83g
吉利丁片……2g　　　　　　 酒煮西洋梨（参照第35页）……25g
苹果力娇酒……4.3g

小贴士

可冷冻保存2周。

做法

将一半分量的西洋梨果泥倒入锅中，一边搅拌，一边以中火加热至80℃。

离火后加入用冰水（分量外）泡开的吉利丁片，使其溶化。

加入剩下的西洋梨果泥搅拌。

倒入碗中，将碗泡入冰水中，使碗中材料的温度降至30℃。

将碗从冰水中取出，依次加入苹果力娇酒和鲜奶油搅拌。

加入酒煮西洋梨，粗略地搅拌。

用裱花袋将材料挤入半球形模具中，再用刮刀抹平。

放入冰箱冷冻2小时使其定型。从冰箱中取出后分别切成两半。

蜂蜜橄榄油汁

材料 / 7碟（容易制作的分量）　使用5g

蜂蜜……20g
橄榄油……10g
荔枝力娇酒……6g

小贴士

可冷藏保存7天。

做法

将全部材料放入碗中，充分搅拌。

〈 摆盘 〉

材料 / 1人份

蜂蜜橄榄油汁……5g
伯爵茶布蕾……3/4个的分量
西洋梨慕斯……1个的分量
鲜奶油（脂肪含量35%，9分发）……20g

橄榄香草西洋梨蜜饯……10g
西洋梨雪糕……4个
日本梨……3/4个
三色堇、细叶香芹……各适量

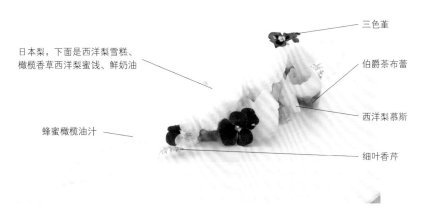

三色堇

日本梨，下面是西洋梨雪糕、
橄榄香草西洋梨蜜饯、鲜奶油

伯爵茶布蕾

西洋梨慕斯

蜂蜜橄榄油汁

细叶香芹

摆盘窍门 / 容器：大圆盘（直径30.5cm）

用勺子舀取蜂蜜橄榄油汁，在盘子上画出线条。

交替摆上伯爵茶布蕾和西洋梨慕斯。

用勺子制作梭子状的鲜奶油，摆在步骤2的材料上。

放上橄榄香草西洋梨蜜饯。

放上西洋梨雪糕。将日本梨去皮，用削皮刀削一层薄片，卷起来放在雪糕上。

用三色堇和细叶香芹装饰。

Sorbet aux griottes et romarin, mousse au chocolat blanc, parfumé au Shiso rouge

迷迭香酸樱桃雪糕及
白巧克力慕斯佐红紫苏酱

迷迭香酸樱桃雪糕、白巧克力慕斯、
酸樱桃果酱、红紫苏酱等

酸樱桃独特的酸味以及迷迭香浓郁的香气是这道甜点的特色。
将雪糕做成骰子状凸显其存在感，
再搭配上香甜柔滑的白巧克力慕斯，把甜点的味道衬托得更加明显。
加入红紫苏叶及梅酒等制成的酱，不仅能增添味道及香气的层次感，
不同颜色的组合在视觉上也是一种奇妙的享受。

白巧克力慕斯

材料／底面12cm×12cm、高5cm的正方形模具1个（容易制作的分量） 使用4个

牛奶……46g 　　　　吉利丁片……1.5g

蛋黄……17.5g 　　　白巧克力（可可含量35%）……44g

细砂糖……7g 　　　鲜奶油（脂肪含量35%，7分发）……107g

小贴士

可冷冻保存7天。

做法 ＊图片中为2倍分量。

1 将牛奶倒入锅中，以中火加热至将要沸腾。

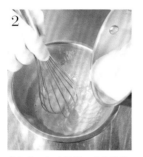

2 将蛋黄及细砂糖放入碗中搅拌，接着分次加入牛奶搅拌。

3 搅拌好后倒回锅中，一边搅拌，一边以小火加热至80℃后关火。加入用冰水（分量外）泡开的吉利丁片，使其溶入其中。

4 将巧克力放入碗中，隔水加热使其熔化。用滤网将步骤3的材料过滤到碗中。

5 用手持式搅拌机搅拌。

6 将碗泡入冰水中，加入鲜奶油搅拌。

7 将慕斯液倒入模具中，放入冰箱中冷冻3小时，使其凝固定型。

8 从冰箱中取出后脱模，切成厚1.5cm、长和宽均为2cm的方块。

糖渍红紫苏叶

材料／25碟（容易制作的分量）

使用3g

红紫苏叶……5g

蛋白……2.5g

细砂糖……50g

做法

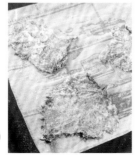

1 将红紫苏叶的正、反面裹上蛋白，接着裹上细砂糖。

2 将准备好的红紫苏叶铺在铺有烘焙纸的烤盘内，放在湿度低且凉爽的地方，风干2天，过程中要将红紫苏叶翻面。

3 将红紫苏叶放入搅拌机中，以中速搅拌成粗颗粒。

小贴士 　和干燥剂一起放在密封容器中，常温下可保存7天。

迷迭香酸樱桃雪糕

材料 / 20个（容易制作的分量）　使用4个

水······500g　　　　迷迭香······10g

细砂糖······90g　　　酸樱桃果泥······700g

准备

将水、细砂糖和迷迭香放入锅中，以中火加热至沸腾。放凉后覆上保鲜膜，放入冰箱冷藏1天。（a）

做法

1 从冰箱中取出a，用滤网过滤至碗中，将迷迭香的水分挤干。

2 加入酸樱桃果泥搅拌。

3 将碗泡入冰水中，使温度降至10℃以下。

4 放入冰淇淋机中，搅拌至材料因打入空气开始发白，并且变硬到可以附着在搅拌叶片上的程度。

5 将步骤4的材料倒在铺有OPP塑料纸的操作台上，再盖上一层塑料纸，将材料夹在中间，用擀面杖擀制成约1.5cm厚。

6 放入冰箱中冷冻1小时使其定型。接着从冰箱中取出，切成厚1.5cm、长和宽均为2cm的方块。

小贴士

＊雪糕液中空气含量太多的话雪糕会变得太硬，须特别注意。

＊在材料两侧放上1.5cm高的方形木条，有助于擀出均匀的厚度。

＊可冷冻保存7天。

酸樱桃果酱

材料 / 6碟（容易制作的分量）　使用20g

酸樱桃（冷冻、整个）······100g

大黄······50g

红酒······20g

三温糖······60g

HM（高甲氧基）果胶······2g

柠檬汁······6g

接骨木花力娇酒······6g

做法

1
将酸樱桃、大黄、红酒、2/3量的三温糖放入锅中，以中火煮至沸腾。

2
关火，用手持式搅拌机打成泥状。

3
将剩下的三温糖和HM果胶放入碗中搅拌。

4
在步骤3的碗中加入少许步骤2的材料，搅拌至没有结块之后，加入剩下的步骤2的材料。

5
搅拌好之后倒入锅中，以中火加热至浓稠（糖度40%）。

6
煮好之后用滤网过滤至碗中，将碗泡入冰水中，使温度降至常温左右。

7
加入柠檬汁及接骨木花力娇酒搅拌。

小贴士

可冷藏保存7天。

迷迭香泡沫

材料／25碟（容易制作的分量）
A 水……100g
 ┃ 迷迭香……2.5g
大豆卵磷脂粉……0.8g

使用1大匙
细砂糖……30g
柠檬汁……2.5g

小贴士

可冷冻保存2周。

准备 ＊图片中为2倍分量。

将A放入锅中，以中火加热至沸腾。放凉后覆上保鲜膜，放入冰箱中冷藏1天。（a）

做法 ＊图片中为2倍分量。

1
从冰箱中取出a，用滤网过滤至碗中，将迷迭香的水分挤干。

2
将大豆卵磷脂粉和细砂糖加入另一个碗中搅拌，接着加入少许步骤1的材料搅拌，再加入剩下的步骤1的材料搅拌均匀。

3
加入柠檬汁，覆上保鲜膜，放入冰箱冷藏1天。使用前搅拌至发泡。

红紫苏酱

材料 ／15碟（容易制作的分量） 使用5g

水……100g

红紫苏叶……17.5g

细砂糖……75g

梅酒……40g

小贴士

可冷藏保存5天。

准备 ＊图片中为2倍分量。

将水、红紫苏叶、一半的细砂糖放入锅中，以中火煮至沸腾后，转成小火继续煮10分钟左右。

放凉后覆上保鲜膜，放入冰箱冷藏1天。

做法 ＊图片中为2倍分量。

从冰箱中取出红紫苏叶糖水，过滤至碗中，并将红紫苏叶的水分挤干。

倒入锅中，加入剩下的细砂糖，以中火加热至浓稠状（糖度60％）。

关火，不烫之后倒入碗中，将碗泡入冰水中隔水降温。

加入梅酒搅拌。

〈 摆盘 〉

材料 ／1人份

白巧克力慕斯……4个

覆盆子……4个

白奶酪酱（参照第74页）……10g

美国樱桃（新鲜、整个）……3个

酸樱桃果酱……20g

红紫苏酱……5g

糖渍红紫苏叶……3g

迷迭香酸樱桃雪糕……4个

迷迭香泡沫……1大匙

天竺葵、紫苏花……各适量

紫苏花

白巧克力慕斯

糖渍红紫苏叶

美国樱桃

红紫苏酱

覆盆子

天竺葵

迷迭香酸樱桃雪糕

白奶酪酱

酸樱桃果酱

迷迭香泡沫

摆盘窍门 / 容器：大圆盘（直径25.5cm）

在盘子上放上白巧克力慕斯。

放上覆盆子。

用勺子舀取白奶酪酱，在盘子上以圆点装饰。

放上美国樱桃，用酸樱桃果酱画上圆点。

放上天竺葵。将红紫苏酱倒入覆盆子中，并且在天竺葵的叶片及盘子上画上圆点。

撒上糖渍红紫苏叶。

放上迷迭香酸樱桃雪糕。

用勺子舀取迷迭香泡沫点缀在盘子上，并且用紫苏花装饰。

Compote de mandarine, mousse à la camomille et vin blanc, parfumée à la bergamote

糖渍橘子、洋甘菊慕斯、白酒慕斯佐佛手柑软糖

糖渍橘子、洋甘菊慕斯、白酒慕斯、酸奶酱、
橘子果酱、佛手柑软糖等

这是一道能充分享受到柑橘果实清甜的点心。
为了直接传达出橘子的酸甜，所以制作了整个的糖渍橘子。
为了升华橘子的味道，
添加了佛手柑软糖和佛手柑果冻，
并且附上了带有洋甘菊风味的慕斯，使点心整体的香气更加柔和。

糖渍橘子

材料 / 8碟（容易制作的分量） 使用1/2个

水……250g

洋甘菊（干燥）……2g

细砂糖……70g

橘子果肉（去除果肉上的白色丝状纤维）……3个的分量

小贴士

＊可冷藏保存3天。

＊腌渍橘子的糖水用于制作橘子果胶。

做法

将水加入锅中，以中火煮沸后关火，加入洋甘菊，覆上保鲜膜，闷5分钟。

用滤网过滤至另一个锅中，挤干洋甘菊中的水分，称重，如果不足225g再加水（分量外）。

加入细砂糖，再以中火煮沸后关火。将橘子果肉掰成两半，放入较深的料理盒中，再倒入糖水。

覆上保鲜膜（紧贴橘子表面），在常温中静置1天，使其入味。

橘子果胶

材料 / 15碟（容易制作的分量） 使用5g

A 橘子糖水

（参照上面）……40g

水饴……30g

B 海藻糖……7.5g

HM果胶……2g

橘子糖水

（参照上面）……60g

柠檬汁……80g

小贴士

可冷冻保存2周。

做法 ＊图片中为2倍分量。

将A放入锅中，用中火煮沸。

将B放入碗中搅拌，加入少许橘子糖水使其溶化，再加入剩余的橘子糖水混合。

将步骤2的材料加入步骤1的锅中，一边中火加热一边搅拌（糖度65%）。

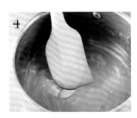

关火，加入柠檬汁混合。

酸奶酱

材料 / 10碟（容易制作的分量） 使用5g

无水酸奶……50g

糖粉……8g

拿破仑橙酒……4g

小贴士

可冷藏保存2天。

做法

将全部材料搅拌均匀。

橘子果酱

材料 / 15碟（容易制作的分量） 使用5g
橘皮……20g
橘子果肉（切碎）……60g
细砂糖……12g

做法

1

将水（分量外）烧开后，放入橘皮稍微烫一下之后将水倒掉，去除橘皮内白色部分后切碎。

2

将橘皮碎、橘子果肉、细砂糖放入锅中，一边搅拌，一边以中火加热至出现浓稠感（糖度40%）。

小贴士

可冷藏保存5天。

佛手柑软糖

材料 / 30个（容易制作的分量） 使用2个
佛手柑果泥……100g
三温糖……12g
蜂蜜……7g
浓缩香橙果泥……10g

A 细砂糖……3g
| HM果胶……0.8g
拿破仑橙酒……1g
细砂糖……适量

做法

1

在锅中放入佛手柑果泥80g、三温糖、蜂蜜、浓缩香橙果泥，以中火煮沸。

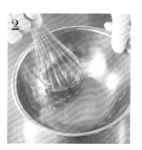

2

将A放入碗中混合均匀，加入佛手柑果泥20g，将A溶化。

3

将步骤2的材料加入步骤1的锅中，一边搅拌，一边以中火加热至104℃。

小贴士

和干燥剂一起放在密封容器中，常温下可保存5天。

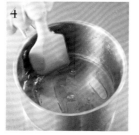

4

离火之后加入拿破仑橙酒搅拌。

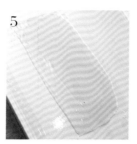

5

在铺有OPP塑料纸的托盘上用刮刀抹上1~2mm厚的步骤4的材料，放在常温中干燥24小时。

6

将步骤5的材料切成3cm×5cm的长方形，卷成圆筒状后，放入装有细砂糖的碗中滚上一层细砂糖。

意式蛋白霜

做法

材料 / 30碟（容易制作的分量） 使用47.5g

水……50g

细砂糖……150g

蛋白……75g

1 将水和细砂糖放入锅中，以中火加热至118℃。

2 将蛋白放入搅拌机专用盆中，一边搅拌（高速），一边分次加入步骤1的材料。

3 一直搅拌到材料细腻有光泽且可以拉出尖角的程度，接着放进冰箱冷藏大约30分钟。

小贴士 ＊配方中的分量是可以操作的最小分量。
＊使用搅拌机时请装上搅拌球。
＊可冷藏保存1天。

白酒慕斯

材料 / 直径5.5cm、高4cm的圈模7个（容易制作的分量） 使用1个

牛奶……6g

吉利丁片……1.5g

酸奶油……49g

意式蛋白霜（参照上面）……47.5g

鲜奶油（脂肪含量35％，9分发）……52.5g

白酒……5g

茴香酒……2.5g

做法 ＊图片中为2倍分量。

1 将牛奶加入锅中，以中火加热，放入用冰水（分量外）泡开的吉利丁片，使其溶化。

2 煮好之后倒入碗中，加入酸奶油混合，再依次加入意式蛋白霜及鲜奶油搅拌。

3 加入白酒及茴香酒搅拌。

4 将直径5cm的茶筛套入直径5.5cm的圈模中，在茶筛中铺上厨房用纸，用裱花袋将步骤3的材料挤入圈模中，高度和圈模相同。

5 将纸往内折，盖住慕斯，放入冰箱中冷藏5小时以上，将水分沥干。

小贴士

＊将厨房用纸剪成半径9cm的半圆形，在圆弧部分剪几个约3cm长的切口，从半径处卷成圆锥形后，从底部折起1cm，铺在茶筛中。
＊可冷冻保存2周。

糖渍食用花

材料 / 7碟（容易制作的分量） 使用3g
食用花（深色）……2.5g
蛋白……1.3g
细砂糖……25g

做法 ＊图片中为2倍分量。

1 将食用花摘除叶片只留花瓣，放入装有蛋白的碗中，将花瓣裹满蛋白。

2 将花瓣裹满细砂糖。

3 将裹好细砂糖的花瓣铺在铺有烘焙纸的烤盘上，放在常温中干燥1天。

小贴士 ＊使用的食用花只要颜色深就可以了，不论哪个品种都可以。
＊与干燥剂放在密封容器中常温可保存7天。

佛手柑果冻

材料 / 直径1.5cm的球形硅胶模具14个
（容易制作的分量） 使用2个

A 佛手柑果泥……25g
　水……5g
　蜂蜜……5g
　细砂糖……20g
吉利丁片……0.65g
B 细砂糖……15g
　植物性吉利丁片……9g
　水……150g

做法 ＊图片中为2倍分量。

1 将A放入锅中，以中火煮沸后离火，加入用冰水（分量外）泡开的吉利丁片，使其溶化。

2 将步骤1的材料倒入球形模具中，用硅胶刮刀抹平，放入冰箱冷冻3小时使其凝固定型。

3 将B放入碗中搅拌，接着放入锅中，以中火加热至75℃。

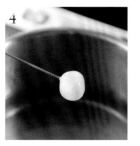

4 温度维持在75℃，用铁扦将从冷冻室中取出的步骤2的材料穿上，放入锅中快速蘸一下。

5 再蘸一次后放在烤盘中，放入冰箱冷藏数分钟使其降温。

小贴士
没有蘸B的话可以冷冻保存2周，蘸过后可冷藏保存1天。

洋甘菊慕斯

材料 / 直径3cm的半球形硅胶模具10个（容易制作的分量） 使用1个

牛奶……115g
洋甘菊（干燥）……4g
蜂蜜……45g
蛋黄……45g

细砂糖……39g
吉利丁片……3.6g
鲜奶油（脂肪含量35%，8分发）……115g

做法 ＊图片中为2倍分量。

将牛奶放入锅中，以中火煮沸后关火，加入洋甘菊，覆上保鲜膜闷5分钟。

过滤至碗中，将洋甘菊中的水分挤干，如果称量不足115g的话，再添加牛奶（分量外）补足。

将步骤2的材料倒回锅中，加入蜂蜜，以中火煮至沸腾。

在碗中加入蛋黄及细砂糖混合，分次加入步骤3的材料搅拌。

将步骤4的材料倒回锅中，一边搅拌，一边加热至82℃。

煮好后过滤至碗内，加入用冰水（分量外）泡开的吉利丁片，使其溶化。

将碗泡入冰水中，一边搅拌，一边隔水降温至30℃。

将碗从冰水中取出后，加入鲜奶油搅拌。

用裱花袋将步骤8的材料挤入硅胶模具中，放进冰箱冷冻3小时使其凝固定型。

小贴士

可冷冻保存2周。

巧克力装饰片

材料 / 100g（容易制作的分量）　使用5g
黑巧克力（可可含量70%）……150g
伏特加（酒精含量75%）……适量

做法

制作巧克力装饰片的准备工作请参照第148页。将巧克力进行调温后，抹在铺有OPP塑料纸的砧板上，沿着塑料纸边缘调整形状。

表面开始凝固时，将巧克力连同塑料纸一起翻面，并压上烤盘静置1小时，放至巧克力凝固、翘起来。

取下烤盘，揭下塑料纸，将巧克力折成适当的大小。

小贴士

＊巧克力很容易凝固，所以要准备至少100g的量进行调温（只要熔化就可以重复操作）。

＊调温时要注意不要让空气进入巧克力里。

＊巧克力一旦开始凝固就会翘起，所以要尽快翻面。

＊放在阴凉处可保存2周。

〈摆盘〉

材料 / 1人份

半干葡萄柚（参照第82页）……3块
白酒慕斯……1个
糖渍橘子……1/2个
洋甘菊慕斯……1个
佛手柑软糖……2个
橘子果酱……5g

橘子果胶……5g
酸奶酱……5g
巧克力装饰片……5g
佛手柑果冻……2个
糖渍食用花……3g
花瓜草花、细叶香芹……各适量

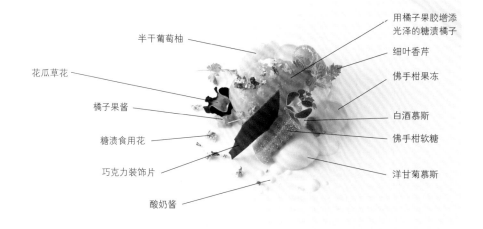

半干葡萄柚

花瓜草花

橘子果酱

糖渍食用花

巧克力装饰片

酸奶酱

用橘子果胶增添光泽的糖渍橘子

细叶香芹

佛手柑果冻

白酒慕斯

佛手柑软糖

洋甘菊慕斯

将半干葡萄柚排列在盘子上。

放上白酒慕斯。

叠上糖渍橘子。

放上洋甘菊慕斯。

将佛手柑软糖斜立着放上去。

放上橘子果酱。

以中火加热橘子果胶，涂在糖渍橘子上增添光泽。

用勺子舀取酸奶酱，在盘子上以圆点装饰。

放上花瓜草花及细叶香芹。

将巧克力装饰片斜靠在佛手柑软糖上。

放上佛手柑果冻。

撒上糖渍食用花。

Crêpe aux figues et fromage

无花果奶酪可丽饼

肉桂香草竹炭可丽饼、戈根索拉奶酪舒芙蕾、
奶酪慕斯、香草冰淇淋、糖煮无花果、
柠檬果酱、黑醋栗果冻等

将戈根索拉奶酪舒芙蕾、奶酪慕斯、香草冰淇淋、
糖煮无花果等摆在可丽饼上卷起来享用。
可丽饼中加入了肉桂粉及竹炭粉，增添了味道的层次性
黑醋栗及柠檬等材料用来提味，增添了清爽的酸味

香草精

材 料 / 50碟（容易制作的分量） 使用适量
香草荚……2g
伏特加……40g

做法

将香草荚放入杀过菌的瓶子中，加入伏特加，盖上盖子，
在室温中浸泡1个月以上。

小贴士

避免放在阳光直射的地方。可
冷藏保存60天。

奶酪慕斯

材 料 / 直径4.5cm的半球形硅胶模具20个（容易制作的分量） 使用1个
细砂糖……3.2g
柠檬皮（磨碎）……0.3g
奶油奶酪……130g
酸奶油……53g
卡仕达酱（参照第10页）……57g
鲜奶油（脂肪含量35％）……125g
吉利丁片……2.1g
意式蛋白霜（参照第47页）……53g

小贴士

＊使用搅拌机时请装上搅拌叶
片。
＊可冷冻保存2周。

做法

将细砂糖及柠檬皮放入碗中搅
拌均匀。

将奶油奶酪放入搅拌机专用碗
中，以中速搅拌至顺滑。

加入酸奶油，搅拌至顺滑。接
着加入步骤1的材料搅拌，再
加入卡仕达酱混合。

将55g鲜奶油放入锅中，以中
火加热至沸腾，加入用冰水
（分量外）泡开的吉利丁片，
使其溶化。

将锅泡入冰水中，使温度降至
20℃。

将步骤5的材料分次加入步骤
3的专用碗中搅拌。

加入意式蛋白霜，快速搅拌。
将剩余的鲜奶油打至7分发后
加入碗内，搅拌均匀。

用裱花袋将步骤7的材料挤入
直径4.5cm的半球形硅胶模具
中，放入冰箱冷藏3小时。

肉桂香草竹炭可丽饼

材料／8片（容易制作的分量）　使用1片

A　牛奶……221g
　│　水……15g
　│　转化糖……13g
　│　盐……3g
　│　鸡蛋……85g
　│　枫糖液……20g
　│　香草荚……1/4个

B　高筋面粉……40g
　│　低筋面粉……40g

甜菜糖……20g

奶油……15g

肉桂粉、香草精（参照第53页）、
竹炭粉……各适量

做法

1 将A放入碗中搅拌。

2 将B混合并过筛至另一个碗中，加入甜菜糖混合均匀。

3 在步骤2的碗中加入1/3量的步骤1的材料，混合均匀后再加入1/3量的步骤1的材料，直到搅拌出筋性为止。

4 加入一半剩余的步骤1的材料搅拌均匀，再将剩下的一半全部加入搅拌。

5 加入熔化的奶油搅拌，接着加入肉桂粉及香草精搅拌。

6 加入竹炭粉时，一边搅拌，一边观察颜色变化，将面糊调成淡灰色，再滤入杯中。

7 用中火将平底锅烧热后，加入奶油（分量外），奶油熔化后用厨房用纸擦去多余的奶油，接着倒入约50g面糊。

8 以画圈的方式晃动平底锅使面糊摊平，用小火煎至饼皮上色后翻面。

9 从平底锅中取出饼皮，温度降至常温后用碗之类的圆形器具盖在饼皮上，处理饼皮边缘。

小贴士

＊使用铁制的平底锅就能煎出漂亮的饼皮。

＊可冷藏保存1天。

戈根索拉奶酪舒芙蕾

材料 / 直径4.5cm的半球形硅胶模具15个
（容易制作的分量）　使用3/4个
奶油奶酪……62g
戈根索拉奶酪……22g

A 蛋黄……20g
｜ 细砂糖……6g
｜ 玉米淀粉……6g
B 牛奶……40g
｜ 鲜奶油（脂肪含量35%）……42g
C 蛋白……55g
｜ 柠檬汁……3g
D 细砂糖……18.2g
｜ 海藻糖……17g

做法

将奶油奶酪和戈根索拉奶酪放入碗内，隔水加热使其熔化。

在另一个碗中加入A，搅拌。

将B加入锅中，以中火煮沸。煮好之后分次加入步骤2的碗中，搅拌。

搅拌均匀后倒回锅中，一边以中火加热，一边搅拌。

将步骤1的材料搅拌至顺滑后加入步骤4的材料，用手持式搅拌机搅拌至奶酪结块消失为止。

将事先冰过的C放入搅拌机专用碗内，再加入D，以中速搅拌成可以拉出尖角的蛋白霜。

小贴士

＊使用搅拌机时请装上搅拌球。
＊蒸烤的过程中，水烤干的话可以再加。
＊可冷冻保存2周。

分次将步骤6的材料加入步骤5的碗中，用硅胶刮刀充分地搅拌至奶酪糊垂落时比绸缎稍软一点的状态。

将步骤7的材料倒入裱花袋中，挤入放在烤盘上的模具里，在烤盘内倒入热水（分量外），放入排气阀关闭的烤箱中，以130℃蒸烤15分钟。

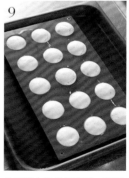

从烤箱中取出放凉后，连同模具一起放进冰箱中冷冻80分钟。再从冰箱中取出，每个切成4块。

黑醋栗果冻

材料 / 15碟（容易制作的分量）　使用5个

A　黑醋栗（冷冻、整个）……115g
　│　红酒……16g
　│　细砂糖……25g
吉利丁片……1.5g

B　细砂糖……25g
　│　植物性吉利丁片……15g
水……125g

做法　＊图片中为2倍分量。

将A放入锅中，以中火煮沸后，转成小火，一直煮到浓稠。

加入用冰水（分量外）泡开的吉利丁片，使其溶化，再用手持式搅拌机搅拌成泥状。

将步骤2的材料过滤至碗内。将碗泡入冰水中，一边搅拌，一边隔水降温至10℃以下，再放入OPP塑料纸制成的裱花袋中。

将步骤3的材料挤在铺有OPP塑料纸并且冰镇过的烤盘上，挤成直径1cm的圆球状，再放入冰箱中冷冻30分钟，使其冷却定型。

将B放入另一个碗内搅拌，再加水搅拌均匀。

倒入锅中，以中火加热至吉利丁片溶化，加热至72℃并将温度保持在72℃。

用叉子将步骤4的材料戳起，放入步骤6的材料中蘸一下之后放回烤盘中。再重复一次后，放入冰箱冷藏10分钟，使其冷却凝固。

小贴士

＊进行果冻包膜步骤时使用叉子操作会比较方便。
＊没有蘸过步骤6的材料的果冻可冷冻保存2周，蘸过的可冷藏保存1天。

香草冰淇淋

材料 / 25碟（容易制作的分量）　使用15g

细砂糖……82g
香草荚……1/2个
牛奶……145g
鲜奶油（脂肪含量35%）……140g
蛋黄……52g

小贴士

＊冰淇淋中空气含量太多的话会变得太硬，须注意。
＊可冷冻保存7天。

准 备

将一半分量的细砂糖放入碗内，和香草荚一起搅拌。

将步骤1的材料和剩下的细砂糖、牛奶、鲜奶油放入锅中，以中火煮沸后关火。覆上保鲜膜，静置1天。（a）

做 法

将a再次煮沸，分次倒入已有蛋黄的碗内，搅拌。

搅拌好后全部倒回锅中，一边搅拌，一边以中火至小火加热至82℃。

煮好之后过滤至碗内，碗泡在冰水中使温度降至10℃以下。

放入冰淇淋机中搅拌，待冰淇淋液因打入空气开始变白，并且变硬到可以附着在搅拌叶片上的程度就完成了。

糖煮无花果

材 料 / 10碟（容易制作的分量） 使用10g

无花果（半干）……30g

红酒……32g

水……32g

三温糖……20g

肉桂棒……1/4根

八角茴香……1/2个

丁香花蕾……1个

柠檬（1cm厚的片状）……1/2片

橙子（1cm厚的片状）……1/2片

做法

切除无花果的蒂后，和其他材料一起放入锅中，用中火加热煮沸后，转成小火继续加热30~40分钟。

离火后覆上保鲜膜（直接覆盖在材料上），在常温中放凉，接着放入冰箱中冷藏1天。

小贴士

可冷藏保存7天。

柠檬果酱

材料／10碟（容易制作的分量） 使用15g

柠檬……2个

A 细砂糖……60g
   水……120g

柠檬汁……适量

小贴士

可冷藏保存5天。

做法

1 将柠檬清洗干净，削下一层薄薄的外皮。烧一锅热水（分量外），将柠檬皮放入锅中煮至去涩，然后切成3mm见方的块。

2 削除柠檬果肉周围的白色薄膜，将果肉切碎，取180g。

3 将步骤1、2的材料和A放入锅中，以中火至小火慢慢加热，将其煮成果酱状（糖度60%）。

4 关火，试一下味道，酸味不够的话再加一点柠檬汁。

〈 摆盘 〉

材料／1人份

肉桂香草竹炭可丽饼……1片
卡仕达酱（参照第10页）……15g
戈根索拉奶酪舒芙蕾……3/4个
奶酪慕斯……1个
无花果（带皮）……1/3个
柠檬果酱……15g

糖煮无花果……10g
黑醋栗果冻……5个
香草冰淇淋……15g
榛子果仁糖（参照第130页）……5g
苋菜叶……适量

奶酪慕斯
榛子果仁糖
黑醋栗果冻
卡仕达酱
香草冰淇淋
肉桂香草竹炭可丽饼
无花果，下面是柠檬果酱
糖煮无花果
戈根索拉奶酪舒芙蕾
苋菜叶

将肉桂香草竹炭可丽饼放在盘子上。

用装有圆形花嘴的裱花袋将卡仕达酱挤在可丽饼上。

放上戈根索拉奶酪舒芙蕾。

将奶酪慕斯切成两块，靠着舒芙蕾摆放。

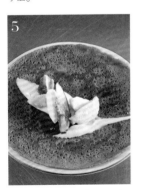

将无花果切成2~3块，直立摆放制出造出高度。

放上柠檬果酱。

将糖煮无花果切成瓣状薄片，叠在其他材料上。

随意摆上黑醋栗果冻。

用15mL的挖球勺挖取一团香草冰淇淋，放在可丽饼上。

撒上榛子果仁糖。

用苋菜叶装饰。

59

Combinaison de légumes secs, banane et thé de larme-de-Job

豆类、香蕉及薏米茶冰淇淋的组合

糖煮白芸豆、丹波黑豆甘露煮、丁香绿豆、
香蕉布蕾、焦糖香蕉、薏米茶冰淇淋、
朗姆酒酱、焦糖卡仕达酱等

将绿豆、白芸豆、丹波黑豆、毛豆等四种豆类与焦糖香蕉、薏米茶冰淇淋等搭配组合，
并在盘子四周点上酱汁，让甜点看起来既缤纷又富有生命力。
即使是小豆子也要很用心地熬煮，不管是只吃豆子，
还是搭配戚风蛋糕、布蕾等其他食材一起享用，都非常美味。

开心果戚风蛋糕

材料 / 底面25cm×25cm、高5cm的正方形烤模1个（容易制作的分量） 一口大小的开心果戚风蛋糕使用4个

A 牛奶……55g
色拉油……20g
开心果酱……50g

B 蛋黄……35g
细砂糖……20g

C 蛋白……140g
细砂糖……60g
海藻糖……20g
柠檬汁……2g

D 低筋面粉……44g
玉米淀粉……10g

小贴士

＊使用搅拌机时要装上搅拌球。
＊可冷藏保存2天。

做法

1 将A放入碗内搅拌，接着加入开心果酱搅拌均匀。

2 在另一个碗内放入B，搅拌，隔水加热至40℃。

3 将步骤1的材料加入步骤2的碗中搅拌。

4 将C加入搅拌机专用碗内，以高速搅拌成可拉出尖角的蛋白霜。接着，将1/3量的蛋白霜加入步骤3的碗中搅拌。

5 加入混合并过筛的D，搅拌到没有颗粒残留为止，然后加入剩下的蛋白霜搅拌。

6 在铺有烘焙纸的正方形烤模中倒入做好的面糊，用刮刀将表面抹平。

7 烤模底部再叠一个烤盘，放入排气阀关闭的烤箱中，以170℃烘烤30分钟。

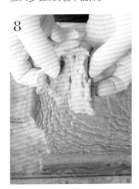

8 从烤箱中取出，脱模后放在冷却架上冷却，然后掰成一口大小。

朗姆酒酱

材料 / 15碟（容易制作的分量） 使用5g
朗姆酒……100g
细砂糖……30g
香草荚……1/8个
水饴……20g

做法

将全部材料放入锅中，以中火至小火加热，煮到出现浓稠感。

小贴士

可冷藏保存7天。

朗姆酒蛋黄酱

材料 / 10碟（容易制作的分量）　使用15g

蛋黄……3个
朗姆酒……40g
细砂糖……60g

做法

将全部材料放入锅中，一边搅拌，一边以小火加热至82℃。

将滤网放在搅拌机专用碗上，将步骤1的材料过滤至碗内。

启动搅拌机，以中速将材料搅拌至颜色变白后，放入冰箱中冷藏一晚，让味道更加均匀。

小贴士

＊使用搅拌机时要装上搅拌球。
＊可冷藏保存1天。

丁香绿豆

材料 / 7碟（容易制作的分量）　使用17粒

绿豆（干燥）……25g
水……290g

A　细砂糖……25g
　　水……75g
　　盐……0.1g
　　丁香花蕾……1/2个

准备　＊图片中为2倍分量。

用水将绿豆清洗干净，接着放入水（分量外）中浸泡一晚，使用前沥干水分。

做法　＊图片中为2倍分量。

将绿豆放入锅内，加入可以盖过绿豆量的水（分量外），以大火加热，煮沸后转成中火继续加热3分钟，过程中需要捞除杂质。

用漏勺将绿豆捞起，倒掉热水，用自来水清洗绿豆后，再将水和绿豆放入锅中，以中火加热15~20分钟，将绿豆煮软。

在另一个锅中放入A，以中火煮沸，制成糖水。

将糖水倒入碗中，趁热放入用漏勺捞起沥干的绿豆。

覆上保鲜膜（直接覆盖在材料上），在常温中放凉，接着放入冰箱冷藏一晚，让绿豆入味。

小贴士

＊浸泡绿豆时水已经变凉的话，要先加热再放入绿豆。
＊可冷藏保存3天。

鹰嘴豆泥

材料 / 12碟（容易制作的分量）　使用20g

鹰嘴豆（干燥）……50g
水……160g
三温糖……15g
盐……1g

A　牛奶……15g
　　鲜奶油……5g
肉桂粉、牛奶（调整用）……各适量

准备　＊图片中为2倍分量。　　**做法**　＊图片中为2倍分量。

用水将鹰嘴豆清洗干净，接着放入水（分量外）中浸泡一晚，使用前沥干。

将鹰嘴豆和水倒入锅中，以中火加热，煮沸后转成小火继续加热，将鹰嘴豆煮软。

用漏勺将鹰嘴豆捞起，趁热和三温糖及盐一起放入搅拌机中，以高速打成泥状。

加入A，继续用高速打成顺滑状。

搅拌好之后取出，过筛，加入肉桂粉及牛奶搅拌，调整味道及稀稠度。

小贴士

可冷藏保存3天。

糖煮白芸豆

材料 ／ 12碟（容易制作的分量）　使用5粒

白芸豆（干燥）……25g

三温糖……16.5g

香草荚……1/8个

盐……一撮

准备　＊图片中为2倍分量。

用水将白芸豆清洗干净，接着放入水（分量外）中浸泡一晚，使用前沥干。

做法　＊图片中为2倍分量。

将白芸豆放入锅中，加入可以盖过豆子量的水（分量外），以中火加热，煮沸后加入适量水（分量外）再煮沸一次，煮好之后将热水倒掉。

在锅中再次加入可以盖过豆子量的水（分量外），以中火加热，煮沸后转成小火，边煮边捞去杂质，将白芸豆煮软。

3

将水调整至可以盖过豆子的量，加入其余材料，以小火加热10分钟。

4

离火，倒入碗中，覆上保鲜膜（直接覆盖在材料上），在常温中放凉，接着放入冰箱冷藏一晚，让白芸豆入味。

小贴士

＊煮白芸豆的过程中水量太少的话可以再添加。

＊可冷藏保存3天。

丹波黑豆甘露煮

材料 ／ 18碟（容易制作的分量）　使用4粒

丹波黑豆……75g

A　三温糖……37.5g

　│　酱油（浓口）……12g

三温糖（调整用）……15g

准备

用水将黑豆清洗干净，接着放入水（分量外）中浸泡一晚，使用前沥干。

做法

1 将黑豆放入锅中，加入可以盖过豆子量的水（分量外），以中火加热，煮沸后转成小火，盖上锅盖，继续加热。

2 捞去杂质后加入水（分量外），盖上锅盖，用最小火加热4小时。

3 加入A，以中火加热10分钟。

4 关火，用三温糖调整汤汁的味道。盖上锅盖，在常温中放凉，接着放入冰箱中冷藏一晚。

小贴士

* 煮好之后尝一下汤汁的味道，太淡的话再加三温糖调味。
* 可冷藏保存5天。

牛奶开心果酱

材料／10碟（容易制作的分量）　使用5g

牛奶……40g
吉利丁片……0.3g
开心果酱……10g

小贴士

可冷藏保存2天。

做法

1 在锅中加入牛奶，以中火煮至将要沸腾。

2 加入用冰水（分量外）泡开的吉利丁片，搅拌。

3 在碗中放入开心果酱，分次加入步骤2的材料，搅拌。

4 过滤至另一个碗内，将碗泡入冰水中，隔水降温后再放入冰箱，冷藏3小时以上，使酱汁冷却变浓稠。

薏米茶冰淇淋

材料／12碟（容易制作的分量）　使用2个

水……50g
薏米茶（未冲泡）……5g
牛奶……200g

A 三温糖……70g
　 薏米粉……25g
鲜奶油（脂肪含量35％，7分发）……150g

做法

将水加入锅中，以中火加热至沸腾后关火，放入薏米茶，覆上保鲜膜，闷5分钟。

在另一个锅中加入牛奶，以中火煮沸，加入步骤1的锅中混合，覆上保鲜膜（直接盖在液体上），闷3小时。

过滤至碗内。

将A放入另一个碗内搅拌，接着加入少许步骤3的材料，混合均匀。

将步骤3和步骤4的材料倒入锅中，以中火加热，一边搅拌，一边加热至沸腾。

倒入碗内，将碗泡入冰水中使温度降至10℃以下。从冰水中取出后，加入鲜奶油搅拌均匀。

放入冰淇淋机中，搅拌至冰淇淋液因打入空气开始变白，并且变硬到可以附着在搅拌叶片上的程度。

小贴士

＊冰淇淋液中空气含量太多的话，冰淇淋会变得很硬，必须特别注意。
＊摆盘时使用15mL的挖球勺挖取2个冰淇淋球。
＊可冷冻保存2周。

焦糖

材料／40碟（容易制作的分量）　使用20g

A 鲜奶油（脂肪含量35％）……93g
　 香草荚……1/2个
B 细砂糖……62g
　 水饴……23g
　 盐……0.6g
黄油……36g

小贴士

可冷冻保存2周。

做法

1
将A放入锅中，以中火煮沸，取出香草荚。

2
在另一个锅中加入B，加一些水（分量外）使细砂糖变得湿润，一边搅拌，一边以中火加热，将其煮成深褐色。

3
分次加入鲜奶油，混合均匀，一边搅拌，一边加热至104℃。

4
关火，倒入碗中，加入黄油，用手持式搅拌机搅拌，同时将碗泡入冰水中，使温度降至35℃以下。

焦糖卡仕达酱

材料／8碟（容易制作的分量） 使用15g
卡仕达酱（参照第10页）……100g
焦糖（参照第66页）……20g

做法
将全部材料放入碗内搅拌均匀。

小贴士

可冷藏保存2天。

焦糖香蕉

材料／2碟（容易制作的分量） 使用5个
香蕉……1根
细砂糖……适量

做法

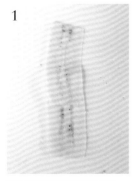

1
将香蕉连皮纵向切成薄片状。剥去外皮后，将香蕉片稍微重叠，调整形状。

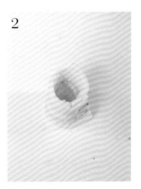

2
从一端将香蕉片卷起。

3
将香蕉卷其中一面沾上细砂糖，放在托盘上，用喷火枪将糖炙烤成焦糖状。

小贴士

可冷藏保存1天。

香蕉布蕾

材料 ／ 直径3.5cm的半球形硅胶模具
12个（容易制作的分量）　使用3个

A　牛奶……40g
　│　细砂糖……17.5g
香蕉（滚刀块）……68g
B　蛋黄……10g
　│　鸡蛋……30g
　│　牛奶……40g
　│　鲜奶油（脂肪含量35%）……25g
朗姆酒……2.5g
香草精（参照第53页）、肉桂粉、
　甜菜糖……各适量

做法　＊图片中为2倍分量。

将A放入锅中搅拌，并以中火加热。

将香蕉放入碗内，加入步骤1的材料，用手持式搅拌机打成泥状。

加入B，继续用手持式搅拌机搅拌，接着用滤网过滤至另一个碗内。

加入朗姆酒、香草精、肉桂粉调味。

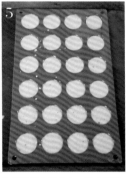

将模具放在烤盘上，将布蕾液倒入模具中，在烤盘中加水（分量外），放入排气阀打开的烤箱中，以130℃蒸烤30分钟。

从烤箱中取出放凉后，放入冰箱冷藏3小时以上。取出脱模后撒上甜菜糖，用喷火枪炙烤成焦糖色。

小贴士

可冷冻保存5天。

毛豆

材料 ／ 10碟（容易制作的分量）　使用5粒
毛豆……140g

做法

以中火将水（分量外）煮沸，放入洗好的毛豆，煮软后用漏勺捞起，将豆荚剥去。

小贴士

＊制作毛豆脆饼（见第69页）时也会使用。
＊可冷藏保存2天。

毛豆脆饼

材料 / 5碟（容易制作的分量） 使用4个

毛豆（参照第68页）……35g
牛奶……25g
开心果酱……30g

A ┃ 糖粉……10g
　┃ 低筋面粉……5g

做法

1 将毛豆放入碗内，用手持式搅拌机打成泥状。

2 将筛网放在另一个碗上，将毛豆泥压入碗内。

3 分次加入牛奶及开心果酱，搅拌均匀。

4 加入事先混合并过筛的A，搅拌均匀。

5 将硅胶垫铺在烤盘上，放上豆荚状的模具，涂上一层薄薄的步骤4的材料，再用刮刀抹平。

6 做好后放入排气阀打开的烤箱中，以100℃烘烤8分钟。

7 从烤箱中取出，将脆饼剥下来翻面，再放入排气阀打开的烤箱中，以160℃烘烤5~6分钟。

小贴士

＊豆荚状的模具是用塑料纸依据自己的喜好切割出形状后挖空制成的。
＊与干燥剂一起放入密封容器内，可常温保存3天。

〈 摆盘 〉

材料 / 1人份

香蕉布蕾……3个
开心果戚风蛋糕……一口大小的4个
鹰嘴豆泥……20g
丁香绿豆……17粒
丹波黑豆甘露煮……4粒
牛奶开心果酱……5g
朗姆酒酱……5g
糖煮白芸豆……5粒

朗姆酒蛋黄酱……15g
焦糖卡仕达酱……15g
毛豆……5粒
焦糖香蕉……5个
薏米茶冰淇淋……2个
毛豆脆饼……4个
豆苗、菜豆藤蔓……适量

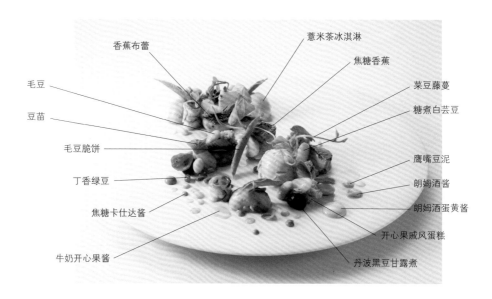

香蕉布蕾　　　　　　　　薏米茶冰淇淋

　　　　　　　　　　　焦糖香蕉

毛豆　　　　　　　　　　　　　菜豆藤蔓

豆苗　　　　　　　　　　　　　糖煮白芸豆

毛豆脆饼　　　　　　　　　　鹰嘴豆泥

丁香绿豆　　　　　　　　　　朗姆酒酱

焦糖卡仕达酱　　　　　　　　朗姆酒蛋黄酱

　　　　　　　　　　　开心果戚风蛋糕

牛奶开心果酱　　　　　　丹波黑豆甘露煮

摆盘窍门 / 容器：大圆盘（直径30.5cm）

将2个香蕉布蕾分别切成两半，和另一个完整的香蕉布蕾一起放在盘子上。	放上开心果戚风蛋糕。	将鹰嘴豆泥放入裱花袋中，在盘子上挤上圆点。	放上丁香绿豆和丹波黑豆甘露煮。用勺子舀取一些牛奶开心果酱，在盘子上画圆点。

用勺子淋一些朗姆酒酱，并画上圆点。放上糖煮白芸豆。	将朗姆酒蛋黄酱和焦糖卡仕达酱分别放入裱花袋中，在盘子上画圆点。	放上毛豆，将焦糖香蕉摆好，用豆苗装饰。	用15mL的挖球勺挖2个薏米茶冰淇淋放入盘中，最后用菜豆藤蔓和毛豆脆饼装饰。

Composition à la fraise, basilic et fromage

草莓、罗勒及奶酪的组合

草莓罗勒冰淇淋、马斯卡彭奶酪慕斯、
白奶酪酱等

这道甜点中使用了大量的应季草莓。
为了充分利用草莓的甜味及香气，
降低了冰淇淋和果酱的甜度。
味道浓郁的马斯卡彭奶酪慕斯加上带酸味的白奶酪酱，
再加上香味清爽的罗勒，使甜点整体的味道更加和谐。

草莓罗勒冰淇淋

材料 ／ 10碟（容易制作的分量） 使用40g
草莓（去蒂）……350g
罗勒（连茎切碎）……6g
细砂糖……63g
草莓力娇酒……7.5g

准备

1
将草莓放入碗中，用手持式搅拌机搅拌后，过滤至耐热碗内。

2
加入罗勒和细砂糖搅拌，放入微波炉中以500W的功率加热3分钟左右，接着放入冰箱冷藏1天。（a）

做法

1
将a过滤至另一个碗中，加入草莓力娇酒搅拌。

2
放入冰淇淋机中，搅拌至冰淇淋液因打入空气开始变白，并且变硬到可以附着在搅拌叶片上的程度。

小贴士 ＊冰淇淋液中空气含量太多的话，冰淇淋会变得很硬，必须特别注意。
＊可冷冻保存2周。

草莓果酱

做法

1
将草莓、覆盆子及2/3量的三温糖放入锅中，　边以中火加热，一边用硅胶刮刀将果肉压碎。

2
离火后，用手持式搅拌机将材料打成泥状。

3
在碗内放入剩下的三温糖及HM果胶搅拌，加入少许步骤2的材料，搅拌均匀。

材料 ／ 10碟（容易制作的分量） 使用20g
草莓（去蒂）……135g
覆盆子……45g
三温糖……65g
HM果胶……4g
吉利丁片……2.5g
柠檬汁……2g
覆盆子力娇酒……4g

4
将步骤3的材料加入步骤2的锅中，一边以中火加热一边搅拌，避免结块。

5
离火，加入用冰水（分量外）泡开的吉利丁片搅拌。将锅泡入冰水中，使温度降至30℃以下。

6
加入柠檬汁及覆盆子力娇酒搅拌。

小贴士

可冷藏保存7天。

草莓泡沫

材料 / 8碟（容易制作的分量） 使用1大匙

水……100g

A 大豆卵磷脂粉……0.8g
  细砂糖……30g

B 草莓……15g
  柠檬汁……2.5g
  草莓力娇酒……1.5g

做法 ＊图片中为2倍分量。

1 将A放入碗中搅拌，将水放入锅中煮沸后，分次加入碗中将A溶化。再将碗泡入冰水中，一边搅拌一边降温。

2 将草莓放入另一个碗中，用打蛋器制成泥状。再加入B搅拌，接着加入步骤1的材料搅拌均匀。

3 过滤至另一个碗中。

小贴士

可冷冻保存2周。

马斯卡彭奶酪慕斯

材料 / 直径4cm的半球形硅胶模具8个（容易制作的分量） 使用1个

A 牛奶……20g
  蜂蜜……10g
吉利丁片……1.5g

马斯卡彭奶酪……80g
鲜奶油（脂肪含量35%，7分发）……50g

做法 ＊图片中为2倍分量。

1 将A放入锅中，以中火煮到将近沸腾后关火。加入用冰水（分量外）泡开的吉利丁片搅拌，使吉利丁片溶化。

2 搅拌好后倒入碗内，再将碗泡入冰水中，使温度降至40℃。

3 在另一个碗内放入马斯卡彭奶酪，分次加入步骤2的材料，搅拌至没有结块，并将温度控制在32℃左右。

4 加入鲜奶油，搅拌均匀。

5 倒入量杯中，再倒入半球形硅胶模具中，放入冰箱中冷冻3小时，使其凝固定型。

小贴士

＊与马斯卡彭奶酪混合会使材料温度下降，需将温度调节到32℃左右。如温度高于32℃，则将碗泡入冰水内；低于32℃则隔水加热，提高温度。
＊可冷冻保存7天。

白奶酪酱

材料 / 8碟（容易制作的分量） 使用15g

白奶酪……75g
沥干水分的酸奶……50g
糖粉……6g
荔枝力娇酒……5g

做法
将全部材料放入碗中搅拌。

小贴士

可冷藏保存2天。

糖渍罗勒叶

材料 / 10碟（容易制作的分量） 使用3g

罗勒叶……2g
蛋白……5g
细砂糖……20g

小贴士

与干燥剂一起保存在密封环境中，常温下可保存7天。

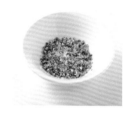

做法

1. 将罗勒叶正、反面都涂上打散的蛋白液。

2. 裹满细砂糖。

3. 将裹好材料的罗勒叶铺在烤盘上，放在湿度低且凉爽的地方，风干2天，过程中要将罗勒叶翻面。

4. 将罗勒叶放入搅拌机内，以高速搅拌成粗粒。

〈 摆盘 〉

材料 / 1人份

白奶酪酱……15g
马斯卡彭奶酪慕斯……1个
卡仕达酱（参照第10页）……10g
草莓果酱……20g
草莓（小，切成2mm厚的薄片）……2个

草莓罗勒冰淇淋……40g
草莓泡沫……1大匙
糖渍罗勒叶……3g
凤仙花……适量

凤仙花
草莓泡沫
糖渍罗勒叶
草莓，下面是草莓果酱
草莓罗勒冰淇淋，
下面由上至下分别是：
卡仕达酱、
马斯卡彭奶酪慕斯、
白奶酪酱

摆盘窍门 / 容器：玻璃小盘子（直径15.5cm、中央直径8cm、深2cm）

将白奶酪酱放入盘内。

将马斯卡彭奶酪慕斯放在白奶酪酱上。

将卡仕达酱放入装有圆形花嘴的裱花袋中，挤在半边慕斯上，另外半边淋上草莓果酱。

将草莓薄片错开摆放，盖在草莓果酱上。

放上草莓罗勒冰淇淋，将中心完全覆盖。

将草莓泡沫放上去，再装饰上凤仙花，最后撒上糖渍罗勒叶。

Melon et thé vert en soupe

蜜瓜抹茶冷汤

腌蜜瓜、蜜瓜冻、蜜瓜慕斯、抹茶酱等

甜味高雅、香气芳醇、饱满多汁的蜜瓜，
香味清新浓郁、色泽柔和的抹茶，变出了一道色彩鲜明的甜点。
用酸橘汁与盐腌制蜜瓜，在蜜瓜冻及蜜瓜慕斯中加入茴香酒，提升了味觉体验。
品尝初夏的当季美味，感受夏季清凉。

蜜瓜冻

材料 ／8碟（容易制作的分量） 使用20g

蜜瓜果肉……140g

A 细砂糖……6g
　 洋菜……10g

柠檬皮（磨碎）……4g

柠檬汁……3g

茴香酒……适量

小贴士

可冷藏保存2天。

做法

将蜜瓜果肉放入搅拌机中打成果泥。在碗内加入A搅拌，再加入40g果泥搅拌均匀。

将剩余的100g蜜瓜果泥放入锅中，加入磨碎的柠檬皮，以中火煮沸后，加入步骤1的材料，再将其煮沸。

过滤至另一个碗中，将碗泡入冰水中降温。

加入柠檬汁及茴香酒，放入冰箱中冷藏3小时使其冷却凝固。

蜜瓜慕斯

材料 ／5碟（容易制作的分量） 使用40g

蜜瓜果肉……66g

吉利丁片……1.9g

原味酸奶……20g

意式蛋白霜（参照第47页）……20g

鲜奶油（脂肪含量35%，8分发）……13g

茴香酒……4g

小贴士

可冷藏保存2天。

做法

用搅拌机将蜜瓜果肉打成泥状，过滤至碗内。

将1/4的步骤1的材料及用冰水（分量外）泡开的吉利丁片放入锅内，以中火煮沸，使吉利丁片溶化。

将步骤2的材料加入步骤1的碗中搅拌，并将碗泡入冰水中，使温度降至30℃。

加入原味酸奶、意式蛋白霜、鲜奶油、茴香酒搅拌，放入冰箱中冷藏3小时使其冷却凝固。

抹茶酱

材 料 / 5碟（容易制作的分量）　使用3g
抹茶粉……2.5g
牛奶……15g

做 法　＊图片中为2倍分量。

将抹茶粉放入碗内搅拌。	分次加入牛奶以免结块，并搅拌均匀。	过滤至另一个碗内。

小贴士

可冷藏保存2天。

抹茶泡沫

材 料 / 5碟（容易制作的分量）　使用1大匙
抹茶粉……2g
牛奶……72g

小贴士

可冷藏保存2天。

做 法

将抹茶粉放入碗内搅拌。	分次加入牛奶以免结块，并搅拌均匀。	倒入锅中，以中火加热。	倒入杯中，用手持式搅拌机打成泡沫。

腌蜜瓜

材料 / 5碟（容易制作的分量） 使用30g
蜜瓜果肉（最软的地方）……1/4个的分量
酸橘汁……1个的分量
盐……适量

做法
将蜜瓜去籽、去皮，只取果肉最软的部分，将其切成1cm见方的块或一口大小的块。将其放入碗内，加入酸橘汁及盐，混合均匀。

小贴士

＊根据蜜瓜的甜度调整盐和酸橘汁的分量。
＊可冷藏保存2天。

〈 摆盘 〉

材料 / 1人份

腌蜜瓜……30g 抹茶泡沫……1大匙
蜜瓜慕斯……40g 抹茶酱……3g
蜜瓜冻……20g 茴香花……适量

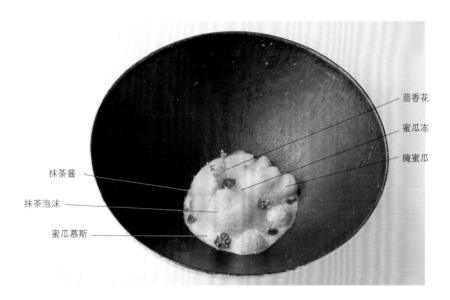

茴香花
蜜瓜冻
腌蜜瓜
抹茶酱
抹茶泡沫
蜜瓜慕斯

摆盘窍门 / 容器：深碗（直径21cm、深8cm）

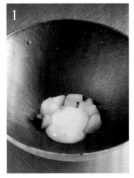

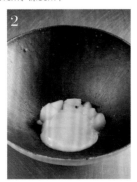

将腌蜜瓜铺在底部，再放上蜜瓜慕斯。

再放上一层蜜瓜冻。

放上抹茶泡沫，淋上抹茶酱。

用茴香花装饰。

Warabimochi au pamplemousse et sorbet de thé Kaga-Hojicha

葡萄柚蕨饼佐加贺棒茶葡萄柚冰淇淋

加贺棒茶葡萄柚冰淇淋、葡萄柚蕨饼、
葡萄柚冻、薄荷冻、糖渍葡萄柚皮、
半干葡萄柚等

这是一道主要由葡萄柚蕨饼和加贺棒茶葡萄柚冰淇淋组合而成，融合和风及西洋风的创意甜点。
蕨饼和凝冻可以让你同时体验到柔软、弹牙、顺滑等多重口感。
薄荷冻让甜点充满了透明感，味道也十分清爽。
蓝锦葵鲜艳的色彩和紫苏花可爱的花穗为这道甜点锦上添花。

葡萄柚蕨饼

材料 / 17碟（容易制作的分量） 使用8块

A 蕨根粉……15g
细砂糖……7g
葡萄柚汁（粉红色）……70g
葡萄柚果肉（粉红色，剥除薄膜并切碎）……40g
琴酒……2g

小贴士

可冷藏保存1天。

做法 ＊图片中为2倍分量。

1 将A放入锅中以中火加热，煮出黏性后，持续加热并搅拌到出现透明感。

2 关火，加入琴酒搅拌。

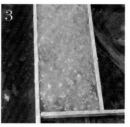

3 在托盘上铺上OPP塑料纸，用4根1.5cm厚的方形木条当作外框，倒入步骤2的材料，用刮刀抹平。

4 放入冰箱中冷藏2小时，待其冷却凝固后取出，放在砧板上切成1cm见方的块。

加贺棒茶葡萄柚冰淇淋

做法

材料 / 15碟（容易制作的分量） 使用40g

葡萄柚（白果肉）……1/2个

A 水……600g
细砂糖……200g
薄荷叶（切碎）……4g
加贺棒茶……14g

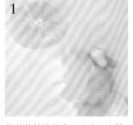

1 将葡萄柚洗干净，去皮，去除内部的白色部分，将果肉切成厚1cm左右的圆片。

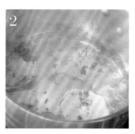

2 将葡萄柚及A放入锅中以中火加热，煮沸后转成小火，继续加热5分钟。

3 关火，加入加贺棒茶，覆上保鲜膜（直接覆盖在材料上），闷5分钟。

4 过滤至碗内，将滤网上的果肉压碎，榨出果汁。将碗泡入冰水中，使温度降到10℃以下。

5 放入冰淇淋机中，搅拌至冰淇淋液因打入空气开始变白，并且变硬到可以附着在搅拌叶片上的程度。

小贴士

＊冰淇淋液中空气含量太多的话，冰淇淋会变得很硬，必须特别注意。
＊可冷冻保存2周。

糖渍葡萄柚皮

材料 ／20碟（容易制作的分量） 使用5g
葡萄柚（白果肉）皮
　……1/2个的分量
细砂糖……15g
水……50g
海藻糖……15g

做法 ＊图片中为2倍分量。

1 将葡萄柚洗干净，削下一层薄薄的外皮。煮一锅开水（分量外），将果皮放入锅中煮过后沥干，并除去内部的白色部分。

2 在锅中放入细砂糖和水，以中火加热，煮沸后加入切成细丝的葡萄柚皮，转成小火，继续加热10~15分钟。

3 用滤网将葡萄柚皮捞起。

4 在烤盘中铺好厨房用纸，放上葡萄柚皮，再盖上一层厨房用纸，将多余水分吸干。

5 将葡萄柚皮放在铺有烘焙纸的烤盘上，在常温中干燥1天。

6 在碗内放入海藻糖，再放入葡萄柚皮，使其裹满海藻糖。

小贴士

和干燥剂一起放入密封容器中，常温下可保存1周。

半干葡萄柚

材料 ／11个（容易制作的分量） 使用1个
葡萄柚果肉（白色）……1个的分量
细砂糖……适量

做法

1 将葡萄柚去皮及薄膜，将果肉铺在厨房用纸上去除水分。

2 将细砂糖放入碗中，将葡萄柚果肉裹满细砂糖。

3 放在烘干机上干燥1天，过程中翻面。

小贴士

和干燥剂一起放入密封容器中，常温下可保存3天。

葡萄柚圆片

材料 / 3碟（容易制作的分量）　使用1个
葡萄柚果肉（白色，剥除薄膜）……1个的分量

做法

1 将葡萄柚果肉一瓣瓣分开，分别切成原本厚度的1/2。在烤盘上铺好OPP塑料纸，放上直径15cm、高8cm的圈模，放入葡萄柚果肉，将圈模底部填满。

2 放入冰箱冷冻1小时，凝固定型后拆下圈模。

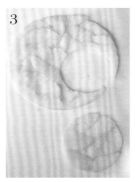

3 用直径7cm的圈模压出圆片。

小贴士

＊第二碟一样使用圈模压出直径7cm的圆片。第三碟则是将剩下的葡萄柚果肉放入直径7cm的圈模中，将底部填满，再放入冰箱中冷冻，使其定型。
＊可冷冻保存5天。

葡萄柚冻

材料 / 直径5cm、高2cm的圈模6个
（容易制作的分量）　使用1个

A　葡萄柚（白果肉）汁……200g
　｜　细砂糖……40g
吉利丁片……2.4g
蓝锦葵……1.2g

小贴士

＊使用的模具是底部用保鲜膜包住的圈模。
＊可冷冻保存2天。

做法

1 将A放入锅中以中火加热，煮沸后熄火，加入用冰水（分量外）泡开的吉利丁片搅拌。

2 加入蓝锦葵搅拌后，覆上保鲜膜（直接覆盖在材料上），闷20分钟左右。

3 过滤至碗内，将碗泡入冰水中，使温度降至10℃以下，再倒入量杯中。

4 倒入圈模中，放入冰箱中冷藏2小时使其凝固定型，然后从冰箱中取出脱模。

薄荷冻

材 料 / 6碟（容易制作的分量） 使用20g

A | 水……140g
　| 细砂糖……20g
　| 青柠皮（磨碎）……6g
　| 柠檬草（新鲜）……2g
　| 薄荷叶（切碎）……3g

吉利丁片……2g
朗姆酒……20g

做 法

1	2	3	4
将A放入锅中煮沸。	关火，加入用冰水（分量外）泡开的吉利丁片搅拌。	过滤至碗内，将碗泡入冰水中，使温度降至30℃以下。	将碗从冰水中取出，加入朗姆酒搅拌，放入冰箱中冷藏2小时使其凝固定型。

薄荷泡沫

材 料 / 20碟（容易制作的分量） 使用1大匙

细砂糖……30g
大豆卵磷脂粉……0.8g
水……100g
薄荷叶（切碎）……8g

准 备

做 法

1	2	1	2
将细砂糖和大豆卵磷脂粉放入碗内搅拌，加入10g水混合。	将步骤1的材料及剩余的水加入锅中，以中火加热煮沸后，放入薄荷叶。离火，覆上保鲜膜（直接覆盖在材料上），放凉后放入冰箱中冷藏1天。	从冰箱中取出，过滤至杯中，并将薄荷中的水分挤干。	放入微波炉中，以500W的功率加热30秒，接着用手持式搅拌机搅拌成泡沫。

〈 摆盘 〉

材料 / 1人份
葡萄柚蕨饼……8块
加贺棒茶葡萄柚冰淇淋……40g
葡萄柚圆片……1个
葡萄柚冻……1个
薄荷冻……20g

半干葡萄柚……1个
糖渍葡萄柚皮……5g
薄荷泡沫……1大匙
紫苏花穗……适量

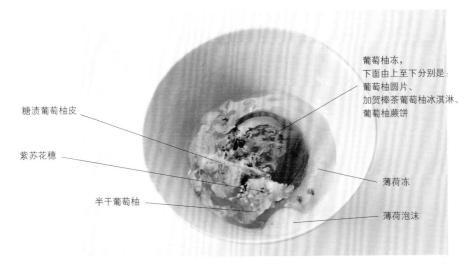

葡萄柚冻，
下面由上至下分别是：
葡萄柚圆片、
加贺棒茶葡萄柚冰淇淋、
葡萄柚蕨饼

糖渍葡萄柚皮

紫苏花穗

半干葡萄柚

薄荷冻

薄荷泡沫

摆盘窍门 / 容器：小碗（直径15cm、深7cm）

将葡萄柚蕨饼放在容器底部。

叠上加贺棒茶葡萄柚冰淇淋。

盖上葡萄柚圆片。

放上葡萄柚冻。

放上薄荷冻。

将1个半干葡萄柚掰成3块，
放在薄荷冻上。

用紫苏花穗装饰。

放上糖渍葡萄柚皮及薄荷泡沫。

Sorbet à la pêche blanche et Wasabi, parfumé au citron vert et à la vanille

白桃山葵雪糕佐青柠及香草风味小点

白桃山葵雪糕、枫糖香草冰淇淋、
白桃青柠香草果酱、青柠慕斯、
覆盆子白桃青柠香草酱等

这是一道华丽又可爱的甜点，制作时使用了口感细腻柔软且甜味温和的白桃。
而这道甜点的真正主角是山葵，它和白桃等一起做成了雪糕，
并且和青柠皮、细砂糖融合成了粉末状山葵砂糖，更加凸显了白桃温和的味道。
用薄荷叶和花朵装饰，增添了清凉感，让甜点色彩更加鲜艳美丽。

青柠慕斯

材料 / 直径4.5cm的半球形硅胶模具15个（容易制作的分量） 使用1个

A 青柠汁……63g　　　吉利丁片……1.5g
　 青柠皮（磨碎）……3g　白巧克力（可可含量36%）……125g
蛋黄……13g　　　　　鲜奶油（脂肪含量35%，7分发）……125g

小贴士

可冷冻保存10天。

做法

1 将A放入锅中以中火煮沸。

2 将蛋黄放入碗中打散，分次加入步骤1的材料搅拌。

3 倒回锅中，加热至82℃后关火。加入用冰水（分量外）泡开的吉利丁片搅拌，使其溶化。

4 将白巧克力放入碗中，隔水加热熔化。

5 将步骤3的材料过滤至步骤4的碗中，并用手持式搅拌机搅拌，使其乳化。

6 将碗泡入冰水中，一边搅拌，一边使温度降至28℃。

7 加入鲜奶油搅拌。

8 用裱花袋将慕斯液挤入硅胶模具中，放入冰箱中冷冻3小时使其冷却凝固。

覆盆子片

做法　＊图片中为2倍分量。

材料 / 30cm×30cm的烤盘1个（容易制作的分量） 一口大小的覆盆子片使用4片
覆盆子果泥……100g

1 将覆盆子果泥放入锅中，以中火加热至出现微微的黏稠感。

2 将硅胶垫铺在烤盘上，倒上果泥，薄薄地铺匀后放入排气阀打开的烤箱中，以100℃烘烤3小时。

3 从烤箱中取出，尽快将覆盆子片从硅胶垫上剥下来，撕成一口大小。

小贴士　和干燥剂一起放在密封容器中，常温下可保存7天。

白桃青柠香草果酱

材料 / 15碟（容易制作的分量）　使用20g

白桃……255g

A　细砂糖……43g
　　海藻糖……43g
　　青柠汁……1/2个的分量
　　青柠皮（磨碎）……2.5g
　　香草荚……1/3个

做法

1

将白桃焯水之后去皮、去核，切成8mm见方的块。

2

将白桃块及A放入锅中以中火加热，煮沸后转成小火，一边捞去杂质，一边煮到出现黏稠感（糖度40％）。

小贴士

＊白桃果皮和果核可以用来制作白桃果胶，熬煮白桃的糖水则用于制作覆盆子白桃青柠香草酱及白桃酒醋酱。
＊可冷藏保存7天。

覆盆子白桃青柠香草酱

材料 / 10碟（容易制作的分量）　使用20g

覆盆子果泥……75g
白桃青柠香草果酱的糖水（参照上面）……25g
玉米淀粉……4g

小贴士

可冷藏保存3天。

做法

1

将覆盆子果泥倒入锅中，以中火煮沸。

2

在碗内倒入糖水，加入玉米淀粉搅拌。

3

将步骤2的材料加入步骤1的锅中，以中火熬煮到出现黏稠感（糖度50％）为止。

4

倒入碗内，将碗泡入冰水中，隔水降温。

白桃果胶

材料 / 15碟（容易制作的分量） 使用5g

A 水……112g
| 细砂糖……18g
B 白桃果皮……1个的分量
| 白桃果核……1个

C HM果胶……2.75g
| 细砂糖……2.5g（后放）

准备 ＊图片中为2倍分量。

做法 ＊图片中为2倍分量。

小贴士

＊这里使用的白桃果皮和果核是制作白桃青柠香草果酱（参照第88页）时剩下的材料。
＊可冷藏保存3天。

1 将A放入锅中，以中火煮至沸腾。

2 将B放入碗中，倒入步骤1的材料，覆上保鲜膜（直接覆盖在材料上），放入冰箱中冷藏1天，使香味融入糖水中。（a）

1 将a过滤至另一个碗内，称重，若不足145g的话可以再加水（分量外）补充。

2 倒入锅中，以中火加热。

3 将C倒入碗中搅拌，加入一点步骤2的材料搅拌均匀，接着全部倒回到步骤2的锅中。

4 一边搅拌一边以中火熬煮，直到材料出现黏稠感（糖度65％）。

白桃酒醋酱

材料 / 8碟（容易制作的分量） 使用5g

白桃青柠香草果酱的糖水（参照第88页）、白酒醋……各适量

做法

尝一下白桃青柠香草果酱的糖水的味道，再加入白酒醋，调味标准为可以尝到有些酸味。

小贴士

可冷藏保存3天。

白桃覆盆子泡沫

材料／12碟（容易制作的分量） 使用1大匙

A 细砂糖……30g
　 大豆卵磷脂粉……1g
水……100g

白桃果泥……20g
覆盆子果泥……20g
青柠汁……20g

小贴士

可冷冻保存2周。

做法

将A放入碗内搅拌。

将其余材料放入锅中以中火煮沸。

将步骤2的材料分次加入步骤1的碗中，搅拌均匀。

倒入杯子中，以手持式搅拌机打成泡沫。

枫糖香草冰淇淋

材料／25碟（容易制作的分量）

使用15g

A 牛奶……145g
　 鲜奶油（脂肪含量35%）……145g
　 香草荚……1/2个
　 细砂糖……50g
B 蛋黄……55g
　 枫糖……40g

准备

将A放入锅中，以中火煮沸后关火，再用手持式搅拌机搅拌，接着覆上保鲜膜放入冰箱中冷藏1天。（a）

做法

1 以中火将a煮沸。事先在碗内放入B搅拌，分次将a放入碗中搅拌。

2 倒回锅中，一边搅拌一边以小火加热至82℃。

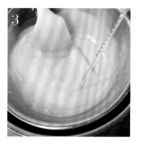

3 煮好后过滤至碗内，将碗泡入冰水中，使温度降至10℃以下。

4 放入冰淇淋机中，搅拌至冰淇淋液因打入空气开始变白，并且变硬到可以附着在搅拌叶片上的程度。

小贴士

＊冰淇淋液中空气含量太多的话，冰淇淋会变得很硬，必须特别注意。
＊可冷冻保存2周。

香草风味香缇奶油酱

材 料 ／12碟（容易制作的分量）　使用20g
鲜奶油（脂肪含量35%）……125g
香草荚……1/8个
细砂糖……10g

做 法

1

在锅中放入100g鲜奶油及香草荚，以中火煮沸后关火，覆上保鲜膜，放进冰箱中冷藏1天。

2

过滤至碗内，加入剩下的鲜奶油和细砂糖，搅拌至8分发。

小贴士

可冷藏保存2天。

山葵砂糖

材 料 ／67g（容易制作的分量）　使用1g
山葵根茎（新鲜）……6g
青柠皮……1g
细砂糖……60g

小贴士

和干燥剂一起放入密封容器中，常温下可保存10天。

做 法

1

削除山葵根茎的表皮，将其磨成泥，放入碗内。

2

在另一个碗内放入磨碎的青柠皮，加入山葵泥和细砂糖搅拌。

3

搅拌好后放在铺有烘焙纸的烤盘上，在常温中干燥1~2天。

4

放入搅拌机中以中速打成粗颗粒。

白桃山葵雪糕

材料 / 100个（容易制作的分量）　使用4个

A　水……100g
　　细砂糖……60g

B　白桃果泥……280g
　　山葵根茎（新鲜，磨成泥）……20g
　　青柠皮（磨碎）……3g
　　接骨木花力娇酒……8.4g

做法

将A放入锅中，以中火加热至成为糖液。

倒入碗内，将碗泡入冰水中，加入B搅拌，直到温度降至10℃以下。

放入冰淇淋机中，搅拌至雪糕液因打入空气开始变白，并且变硬到可以附着在搅拌叶片上的程度。

将步骤3的材料倒在铺有OPP塑料纸的操作台上，盖上一张塑料纸，将材料夹在中间，用擀面杖擀制成大约1cm厚。

放入冰箱冷冻2小时。从冰箱中取出，切成1cm见方的块。

小贴士

＊雪糕液中空气含量太多的话，雪糕会变得很硬，必须特别注意。
＊在材料两侧放上1cm高的方形木条，有助于擀出均匀的厚度。
＊可冷冻保存2周。

〈 摆盘 〉

材料 / 1人份

青柠慕斯……1个
白桃青柠香草果酱……20g
覆盆子……2个
热那亚威风蛋糕（参照第11页）……10g
白桃酒醋酱……5g
白桃丁（8mm见方）……1/8个的分量
覆盆子白桃青柠香草酱……20g
香草风味香缇奶油酱……20g

白桃果胶……5g
白桃覆盆子泡沫……1大匙
覆盆子片——一口大小的4片
枫糖香草冰淇淋……15g
白桃山葵雪糕……4个
山葵砂糖……1g
秋海棠、红紫苏嫩芽、花瓜草花、薄荷叶……各适量

花瓜草花

红紫苏嫩芽

覆盆子片

秋海棠

白桃山葵雪糕

山葵砂糖

白桃覆盆子泡沫

热那亚威风蛋糕

薄荷叶

白桃青柠香草果酱

枫糖香草冰淇淋

用白桃果胶增添光泽的覆盆子

青柠慕斯

白桃酒醋酱腌过的白桃丁

覆盆子白桃青柠香草酱

香草风味香缇奶油酱

摆盘窍门 / 容器：大圆盘（直径30.5cm）

1 将青柠慕斯切成4块放到盘子上，再放上白桃青柠香草果酱。

2 摆上覆盆子，放上撕成一口大小的热那亚威风蛋糕。

3 放上用白桃酒醋酱腌过的白桃丁。

4 用覆盆子白桃青柠香草酱在盘子上画上圆点，并用秋海棠、红紫苏嫩芽、花瓜草花、薄荷叶装饰。

5 给裱花袋装上较小的圆形花嘴，装入香草风味香缇奶油酱，将奶油酱挤在盘子上。

6 用刷子蘸上白桃果胶，涂在覆盆子上增添光泽，并在盘子上画上圆点。

7 放上白桃覆盆子泡沫，并将覆盆子片直立插在其他材料上。

8 放上挖成梭子状的枫糖香草冰淇淋，再放上白桃山葵雪糕，撒上山葵砂糖。

Composition au chocolat

巧克力合奏曲

巧克力布蕾、红酒风味巧克力冻、
巧克力奶酥、青紫苏白酒雪糕、干邑橙酒冰淇淋、
糖煮红酒大黄、焦糖苹果等

用味道浓郁的巧克力做成巧克力冻及布蕾，
和青紫苏白酒雪糕、糖煮红酒大黄、焦糖苹果等材料一层层叠入杯中。
每一层独特的美味和数种材料的风味融合而成的繁复滋味，
任何人都能享受得到。

糖煮红酒大黄

材 料 / 10碟（容易制作的分量） 使用30g

大黄（可用冷冻的，2cm见方的块）……100g　　红酒……300g

三温糖……30g　　柠檬汁……10g

细砂糖……20g

橙子圆片……1/4个的分量

做 法

1

将柠檬汁以外的材料全部放入锅中，以中火加热，煮到水分减少2成、稍微出现黏稠感为止。

2

将锅泡入冰水中，一边搅拌一边降温，再加入柠檬汁调味。

小贴士

＊熬煮橙子的时候注意不要煮到散开，大一点的橙子切成1~1.5cm厚。

＊因为容易粘锅，熬煮时要用硅胶刮刀搅拌。

＊可冷藏保存3天。

焦糖酱

材 料 / 10碟（容易制作的分量） 使用45g

水……20g　　盐……2g

细砂糖……73g　　鲜奶油（脂肪含量35%）……228g

水饴……93g

做 法

1

将水、细砂糖、水饴、盐放入锅中，以中火煮到变成咖啡色。

2

将鲜奶油放入另一个锅中煮沸，加入步骤1的材料，一边搅拌，一边加热至102℃。

3

用手持式搅拌机搅拌后，倒入碗内，将碗泡入冰水中，一边搅拌一边降温。

小贴士

＊将步骤1的材料熬煮上色的同时可以将鲜奶油煮沸，这样会比较方便。

＊可冷冻保存2周。

红酒风味巧克力冻

材料 ／16碟（容易制作的分量）　使用35g

黑巧克力（可可含量56%）……25g
黑巧克力（可可含量72%）……25g
黑巧克力（可可含量64%）……20g
牛奶巧克力（可可含量40%）……20g
A┃可可粉……5g
　┃细砂糖……50g

B┃鲜奶油（脂肪含量35%）……100g
　┃黄油……20g
　┃盐……1g
　┃焦糖酱（参照第95页）……45g
红酒……75g
蛋黄……40g
肉桂粉、茴香粉……各适量

做法

将4种巧克力放入碗内，隔水加热使其熔化。

加入事先搅拌好的A，搅拌到没有结块为止，并再次隔水加热。

将B加入锅中，以中火加热至将近沸腾，倒入步骤2的碗中搅拌。

加入剩下的材料搅拌均匀，再用手持式搅拌机搅拌至乳化。

过滤至深烤盘中，放入开启蒸汽功能的烤箱中，以75℃烘烤20~30分钟。

从烤箱中取出后，在表面覆上一层保鲜膜，并将烤盘放入冰水中降温。再放入冰箱中冷藏12小时，使其冷却凝固。

小贴士

＊用手持式搅拌机搅拌前，加入剩下的材料后温度太低的话，可以隔水加热，将温度调整到40~45℃。
＊巧克力冻的表面有弹性，摇晃时会轻微晃动，就代表烤好了。
＊准备摆盘前需用硅胶刮刀搅拌均匀。
＊可冷藏保存3天。

青紫苏白酒雪糕

材料 ／10碟（容易制作的分量）　使用20g

水……100g
细砂糖……30g
青紫苏叶（切碎）……5片的分量
白酒……90g

准备

将水和细砂糖放入锅中，以中火煮沸后关火，加入青紫苏叶，覆上保鲜膜，放入冰箱冷藏1天。（a）

做法

将白酒倒入a中搅拌。

放入冰淇淋机中，搅拌至雪糕液因打入空气开始变白，并且变硬到可以附着在搅拌叶片上的程度。

小贴士

＊雪糕液中空气含量太多的话，雪糕会变得很硬，必须特别注意。
＊可冷冻保存2周。

巧克力布蕾

材料 / 16碟（容易制作的分量） 使用12g

黑巧克力（可可含量68%）……50g 牛奶（冰的）……112g

可可粉……1g 鲜奶油（脂肪含量35%）……67g

细砂糖……4g 蛋黄……37.5g

玉米淀粉……4g

做法

将巧克力放入碗中，隔水加热熔化，再加入可可粉搅拌至没有结块为止。

在另一个碗内放入细砂糖及玉米淀粉，搅拌后，加入一些牛奶混合均匀。

将剩下的牛奶及鲜奶油放入锅中煮沸后，加入步骤2的材料，一边以中火加热一边搅拌，接着倒入步骤1的碗中混合均匀。

加入蛋黄，先用硅胶刮刀拌匀，再用手持式搅拌机搅拌。

过滤至深烤盘中，放入开启蒸汽功能的烤箱中，以94℃烘烤15分钟左右。

从烤箱中取出后，在表面覆上一层保鲜膜，在常温中放凉。再放入冰箱中冷藏3小时，使其冷却凝固。

小贴士

＊因为容易粘锅，所以加热时要用硅胶刮刀不断搅拌。
＊布蕾表面有弹性，摇晃时会轻微晃动，就代表烤好了。
＊准备摆盘前需用硅胶刮刀搅拌均匀。
＊可冷藏保存3天。

干邑橙酒冰淇淋

做法

材料 / 15碟（容易制作的分量） 使用15g

水……100g

细砂糖……50g

浓缩香橙果泥……26.7g

干邑橙酒……16.7g

将水及细砂糖放入锅中，以中火加热煮沸后关火，加入浓缩香橙果泥搅拌。

将锅泡入冰水中使温度降至30℃以下，加入干邑橙酒搅拌，一直搅拌到温度降至10℃以下。

放入冰淇淋机中，搅拌至冰淇淋因打入空气开始变白，并且变硬到可以附着在搅拌叶片上的程度。

小贴士 ＊冰淇淋液中空气含量太多的话，冰淇淋会变得很硬，必须特别注意。
＊可冷冻保存2周。

糖衣可可豆碎

材 料 / 10碟（容易制作的分量） 使用3g
水……9g
细砂糖……20g
可可豆碎……25g

做 法 ＊图片中为2倍分量。

1 将水及细砂糖放入稍大一点的锅中，以中火加热至118℃后关火。

2 加入可可豆碎，用木铲从底部往上翻动，慢慢搅拌，直到可可豆碎裹上结晶的糖，呈颗粒分明的状态。

3 铺在烤盘上，置于常温中冷却。

小贴士

与干燥剂一起放入密封容器中，可常温保存7天。

焦糖苹果

材 料 / 10碟（容易制作的分量） 使用15g
苹果块（中等大小，去皮，1cm见方）……1个的分量
三温糖……33g
细砂糖……6.7g
肉桂粉……适量

做 法

1 将苹果块放入耐热碗内，放入微波炉中，以500W的功率加热2分钟。

2 将三温糖及细砂糖放入锅中，以中火加热煮成浓稠的焦糖后关火。

3 加入苹果，搅拌，再以小火至中火加热，将苹果煮软并且煮成咖啡色后，再用肉桂粉调味。

小贴士

＊加入苹果时焦糖可能会因为温度变低而变硬，所以要再加热。
＊可冷藏保存3天。

巧克力希布斯特

做法

材 料 / 10碟（容易制作的分量）
使用5g
意式蛋白霜
　（参照第47页）……25g
巧克力布蕾
　（参照第97页）……25g

1 准备好意式蛋白霜。

2 将意式蛋白霜及巧克力布蕾放入碗中搅拌。

小贴士

可冷藏保存1天。

无面粉巧克力蛋糕碎

做法　＊图片中为2倍分量。

材 料 / 30cm×30cm的烤盘1个
　（容易制作的分量）　使用10g
黑巧克力（可可含量64%）
　……60g
黄油……40g
可可粉……10g
细砂糖……15g
鲜奶油（脂肪含量35%）……60g
鸡蛋……60g

1 将巧克力及黄油放在耐热碗内，放入微波炉中，以500W的功率分次加热，每次加热10~15秒，使其熔化后搅拌。

2 加入可可粉混合，接着加入细砂糖，搅拌至没有结块为止。

3 将鲜奶油放入锅中煮沸后，加入步骤2的材料中，接着加入鸡蛋，用手持式搅拌机搅拌。

小贴士

可冷冻保存3周。

4 搅拌好之后倒在铺有烘焙纸的烤盘上，抹平，放入排气阀关闭的烤箱中，以160℃烘烤15~20分钟。

5 从烤箱中取出后去掉烤盘，连同烘焙纸一起放在冷却架上放凉，接着放入冰箱冷藏2小时使其冷却变硬。

6 从冰箱中取出，撕掉烘焙纸，掰成适当的大小，放入搅拌机中，以高速打成粗颗粒。

巧克力奶酥

材料／40碟（容易制作的分量） 使用10g

黑巧克力（可可含量56%）
……10g

鲜奶油（脂肪含量35%）……20g

鸡蛋……12g

牛奶……14g

A 黄油……55g
发酵黄油……55g
盐……0.6g
细砂糖……68g

B 低筋面粉……100g
高筋面粉……75g
可可粉……30g

薄酥脆饼……60g

可可脂……烤好的奶酥的1/3量

准备

将巧克力放在耐热碗内，放入微波炉，以500W的功率分次加热并搅拌，每次10~15秒，熔化后加入煮沸的鲜奶油搅拌。

加入鸡蛋搅拌，再加入牛奶搅拌，并将温度调至35℃以下。

将A加入搅拌机专用碗内，以低速将黄油搅拌至顺滑、没有结块的状态。

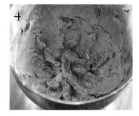

加入细砂糖，继续以低速搅拌，并分次将步骤2的材料加入碗内搅拌，使其乳化。

加入事先混合并过筛的B，以低速搅拌至没有粉状物为止。

加入薄酥脆饼，以低速搅拌均匀。

放在保鲜膜上，铺平之后再用保鲜膜包起来，放入冰箱中冷藏一晚。

做法

从冰箱中取出奶酥面团，通过粗筛网压到烤盘上，并将压好的奶酥面团铺匀。

放入冰箱中冷藏10~15分钟使其表面变硬。从冰箱中取出后用手将奶酥面团掰开。

放入排气阀打开的烤箱中，以160℃烘烤20分钟左右。

烤好之后取出，用刮刀将奶酥拌成颗粒状。

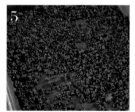

放回排气阀打开的烤箱中，以160℃烘烤15~20分钟。

称一下步骤5的材料。将可可脂放入微波炉，以500W的功率加热数次并搅拌，每次加热10~15秒，一直加热到熔化，再放入步骤5的材料搅拌。

将拌匀的奶酥铺在铺好烘焙纸的烤盘上，放入冰箱中冷藏1小时使其变硬。

小贴士

＊使用搅拌机时请装上搅拌叶片。

＊巧克力也可以使用隔水加热的方法熔化。

＊裹上可可脂后奶酥外会形成一层膜，冷却后使用时才不会有湿气。

＊烘烤前的奶酥面团可以冷藏保存3周。烤好的奶酥和干燥剂一起放在密封容器内，常温下可保存7天。

青紫苏砂糖

材料 / 7碟（容易制作的分量） 使用2g

青紫苏叶……5g
蛋白……2.5g
细砂糖……10g

小贴士

和干燥剂一起放入密封容器内，常温下可保存7天。

做法 ＊图片中为2倍分量。

将青紫苏叶的正、反面裹上蛋白。	接着裹上细砂糖。	将准备好的青紫苏叶铺在铺有烘焙纸的烤盘内，放在湿度低且凉爽的地方，风干2天，过程中要将青紫苏叶翻面。	放入搅拌机中，以中速搅拌成粗颗粒。

〈 摆盘 〉

材料 / 1人份

糖煮红酒大黄……30g
红酒风味巧克力冻……35g
巧克力奶酥……10g
糖衣可可豆碎……3g
无面粉巧克力蛋糕碎……10g
焦糖苹果……15g
巧克力布蕾……12g

鲜奶油（脂肪含量35%，9分发）……100g
干邑橙酒冰淇淋……15g
青紫苏白酒雪糕……20g
巧克力希布斯特……5g
青紫苏砂糖……2g
细砂糖……适量

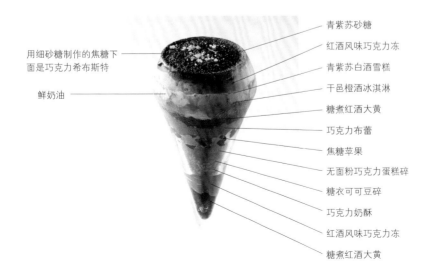

用细砂糖制作的焦糖下面是巧克力希布斯特

鲜奶油

青紫苏砂糖
红酒风味巧克力冻
青紫苏白酒雪糕
干邑橙酒冰淇淋
糖煮红酒大黄
巧克力布蕾
焦糖苹果
无面粉巧克力蛋糕碎
糖衣可可豆碎
巧克力奶酥
红酒风味巧克力冻
糖煮红酒大黄

摆盘窍门 / 容器：香槟杯（口径5cm、深12cm、高22cm）

在香槟杯底部放上少许糖煮红酒大黄。

将红酒风味巧克力冻放入装有圆形花嘴的裱花袋中，挤5g在糖煮红酒大黄上。

按顺序放上巧克力奶酥、糖衣可可豆碎、无面粉巧克力蛋糕碎。

放上焦糖苹果。

放上巧克力布蕾，周围不要留空隙。

倒入剩下的糖煮红酒大黄。

用装有圆形花嘴的裱花袋挤入鲜奶油，中间留下空隙。

放上干邑橙酒冰淇淋及青紫苏白酒雪糕。

放上剩余的红酒风味巧克力冻，再用刮刀把表面抹平。

在表面淋上一层薄薄的巧克力希布斯特。

在表面撒上一层细砂糖，用喷火枪炙烤一下。最后撒上青紫苏砂糖。

小贴士

务必使用耐热玻璃杯，并且注意长时间用喷火枪炙烤的话玻璃杯很可能会碎。

Mangue et chocolat, saveur tropicale

热带风杧果配巧克力

杧果造型白巧克力、杧果果酱、杧果奶油、
椰子冰淇淋、椰泥慕斯、杧果覆盆子酱汁等

以杧果和椰子这对常见的组合做搭配，
再用巧克力做出杧果的样子，这会是一道令人过目不忘的甜点。
切开造型巧克力的瞬间，里面的杧果果酱及杧果奶油会缓缓流出。
将甜点的外观设计成水果的样子，充满了热带风情。

椰子冰淇淋

做法

材料 / 直径21mm的45个（容易制作的分量）　使用2个

脱脂牛奶……500g

椰子丝……100g

细砂糖……70g

椰子力娇酒……12.5g

参照第26页"椰汁冰淇淋"的做法制作椰子冰淇淋，再使用直径21mm的水果挖球勺挖成球形，放入冰箱中冷冻1小时使其变硬。

小贴士

＊冰淇淋液中空气含量太多的话，冰淇淋会变得很硬，必须特别注意。

＊椰泥慕斯（第107页）做好后，从冰箱中取出椰子冰淇淋，按照第107页步骤9、10、14制作。

＊可冷冻保存7天。

杧果果酱

材料 / 15碟（容易制作的分量）　使用8g

杧果果肉（5mm见方的块）……60g

杧果果泥……130g

杧果果肉（半干，5mm见方的块）……20g

百香果果泥……30g

细砂糖……10g

白朗姆酒……25g

做法

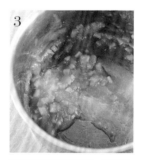

1 将白朗姆酒以外的材料放入锅中以中火加热煮沸。

2 煮沸后转成小火，一边搅拌一边加热到出现黏稠感（糖度50%）。

3 用手持式搅拌机搅拌，要留下果肉颗粒。

4 搅拌好之后倒入碗内，将碗泡入冰水中降温。从冰水中取出后，加入白朗姆酒搅拌。

小贴士　可冷冻保存2周。

椰子油粉

材料 / 8~10碟（容易制作的分量）　使用1g

椰子油……15g

糖粉……1g

油脂粉末……10g

小贴士

＊液态椰子油如果变成固态的话，可以放入微波炉中，分次以500W的功率加热数秒，将其熔化。

＊可冷藏保存7天。

做法

将椰子油倒入碗中，加入糖粉及油脂粉末搅拌，直到变成干爽松散的粉状。

杧果奶油

材料／8碟（容易制作的分量） 使用30g

杧果果泥……150g   A 酸奶油……30g

细砂糖……2g   鲜奶油（脂肪含量35%，7分发）

吉利丁片……1.5g   ……40g

                 椰子力娇酒……4g

小贴士

可冷藏保存2天。

做法

1 将杧果果泥放入锅中，以中火熬煮成浓稠状。

2 关火，加入细砂糖和用水（分量外）泡开的吉利丁片搅拌。将碗泡入冰水中，使温度降至30℃。

3 加入事先混合好的A，搅拌均匀，再加入椰子力娇酒搅拌。放入冰箱中冷藏3小时，使其冷却凝固。

4 从冰箱中取出，用硅胶刮刀搅拌成顺滑的奶油状。

卡戴夫

做法

材料／5碟（容易制作的分量）

使用10g

水……60g

细砂糖……60g

黄油……30g

卡戴夫……50g

＊卡戴夫（Kadaif），巴尔干及阿拉伯地区特色甜点，由细面线等制成，口感略甜。

1 将水、细砂糖、黄油放入锅中，以中火煮沸制成糖液。

2 将锅泡入冰水中，使温度降至40℃，并注意不要让糖液凝固。

3 加入卡戴夫，使其裹满糖液，并将其拉成水平状。

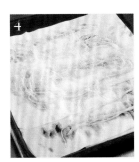 

4 铺在厨房用纸上，吸取多余的水分。

5 移到铺有烘焙纸的烤盘中，放入排气阀打开的烤箱中，以170℃烘烤8分钟左右，将其烤上色。

小贴士

可常温保存2天。

杧果造型白巧克力

材料 / 长5.5cm、宽3.8cm的巧克力模具（蛋形）8个
（容易制作的分量）　使用1个
白巧克力（可可含量36%，颗粒状）……200g
A　杧果奶油（参照第105页）……30g
　│　杧果果酱（参照第104页）……8g
可可脂、巧克力食用色素（红色、黄色）……各适量

小贴士

可冷藏保存5天。

准备

将1/2量的白巧克力放入耐热碗内，放入微波炉，以500W的功率分次加热，每次30秒，直到巧克力熔化，再从底部往上拌匀。

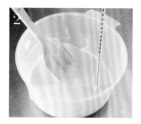

完全熔化之后，再放进微波炉中，以500W的功率分次加热，每次30秒，将温度调整至46℃。

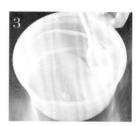

加入剩下的白巧克力搅拌，注意不要拌入空气，一直搅拌到没有颗粒为止（调温完成）。

将可可脂熔化，倒入巧克力模具中，用厨房用纸擦掉多余的部分。接着倒入白巧克力，用硅胶刮刀将表面抹平。

拿起模具在操作台上敲几下，排出里面的空气。

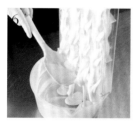

将模具竖直拿起，将多余的巧克力倒入碗中。

将模具翻面，轻敲，让多余的巧克力流下来。接着用两根木条支撑模具，让多余的巧克力滴落。

用刮板刮掉多余的巧克力，接着在18~23℃的环境中静置1天，待其凝固。

做法

将模具翻面，轻敲，取下巧克力。用喷火枪烧热烤盘，将巧克力的边缘轻碰一下，使其熔化。

另一块巧克力也用同样的方法操作，将两块巧克力拼在一起。

用喷火枪将圆形花嘴前端烧热，再用烧热的圆形花嘴在蛋形巧克力底部熔出一个小洞。

将巧克力放在花嘴上，摆在操作台上，用喷枪喷上巧克力食用色素（黄色）。

用喷枪喷上巧克力食用色素（红色），染成杧果的样子。再放入冰箱中冷藏3小时，使其冷却凝固。

将A的材料分别放入装有圆形花嘴的裱花袋中，从巧克力上的小洞处依次挤入杧果酱和杧果奶油，将巧克力中心填满。

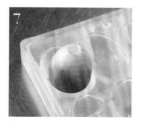

将巧克力直立放入模具中，冷藏2小时使其冷却凝固。

小贴士

＊进行调温时，熔化的巧克力一定要用温度计测量温度。26℃以下的话要用微波炉以500W的功率加热，间隔5秒，将温度提至30℃。不过要注意的是，加入剩下的巧克力时，温度不能超过30℃。
＊用喷枪上色可以将巧克力的颜色制作出渐变感。用刷子或毛笔上色也可以。

椰泥慕斯

材料 ／60个（容易制作的分量） 使用4个

椰子果泥……60g
蛋黄……7.5g
白巧克力（可可含量36%）……24g
吉利丁片……2.5g
椰子力娇酒……7.5g

酸奶油……18g
鲜奶油（脂肪含量35%，7分发）……60g
椰子冰淇淋（参照第104页）……2个
可可粉……200g
杏仁……1个（造型用）

做法

1. 将椰子果泥放入锅中，以中火加热煮沸。在碗中将蛋黄打散，再分次加入椰子果泥混合。

2. 再次倒回锅中，一边搅拌，一边以中火加热至82℃。

3. 将白巧克力隔水加热熔化。

4. 将步骤2的材料过滤至白巧克力中。

5. 加入用冰水（分量外）泡开的吉利丁片，搅拌使吉利丁片溶化。

6. 用手持式搅拌机搅拌，使材料乳化。

7. 将碗泡入冰水中，一边搅拌一边使温度降至33℃。

8. 加入椰子力娇酒、酸奶油、鲜奶油搅拌，制成慕斯。

9. 用牙签插着椰子冰淇淋，放入碗中裹满慕斯。

10. 将牙签插在泡沫板上，放入冰箱中冷冻1小时使其凝固变硬。

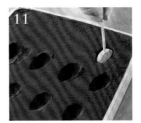

11. 在容器内放入可可粉，用牙签插着杏仁，在可可粉上压出凹槽当作模具。

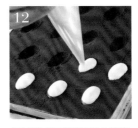

12. 将步骤9剩下的慕斯放入裱花袋中，挤入步骤11的可可粉凹槽中，放入冰箱冷冻1小时。

13. 将步骤12的材料从冰箱中取出，将慕斯裹满可可粉。

14. 将可可粉放入碗中，将冰淇淋从牙签上摘下来，放入碗中滚动，裹满可可粉。

小贴士

＊摆盘时使用4个杏仁造型椰泥慕斯（1人份）。裹在每个椰子冰淇淋外层的椰泥慕斯大约为5g。

＊装可可粉的容器尺寸为16cm×22cm×3cm。

＊可冷冻保存2周。

糖衣杞果

材料 / 8~10碟（容易制作的分量） 使用5g
水……10g
细砂糖……50g
杞果果肉（半干，5mm见方的块）……50g

做法

1 将水和细砂糖放入锅中，以中火加热至116℃后关火。

2 放入杞果果肉，用木铲搅拌成图中发白且干爽松散的状态。

3 铺在烤盘中放凉。

小贴士 和干燥剂一起放在密封容器内，常温下可保存7天。

杞果覆盆子酱汁

材料 / 8~10碟（容易制作的分量） 使用20g
杞果果泥……60g
覆盆子果泥……20g
椰子果泥……25g
细砂糖……15g

做法

1 将全部材料放入锅中，以中火煮到出现浓稠感（糖度50%）。

2 倒入碗中，将碗泡入冰水中降温。

小贴士

可冷藏保存3天。

〈 摆盘 〉

材料 / 1人份
杞果果肉（切成长片状）……3片
杞果造型白巧克力……1个
山竹……适量
椰泥慕斯……4个
糖衣杞果……5g
杞果覆盆子酱汁……20g
卡戴夫……10g

鲜奶油（脂肪含量35%，9分发）……10g
椰子油粉……1g
椰子冰淇淋
　（裹上椰泥慕斯及可可粉）……2个
开心果（部分切滚刀块、部分切碎）、薄荷叶、
　西洋蓍草叶、金盏花花瓣……各适量

椰子冰淇淋

金盏花花瓣

切成滚刀块的开心果

切碎的开心果

山竹

椰泥慕斯，旁边是杜果覆盆子酱汁

鲜奶油

糖衣杜果

杜果造型白巧克力

薄荷叶

西洋蓍草叶

卡戴夫

椰子油粉

杜果覆盆子酱汁

杜果果肉

摆盘窍门 / 容器：大圆盘（直径30.5cm）

将杜果果肉片卷成图中所示的形状并放在盘子上，再放上杜果造型白巧克力。

放上去皮的山竹，摆上椰泥慕斯。

摆上切成滚刀块的开心果，并用切碎的开心果在盘子上撒出圆弧状。

放上糖衣杜果。

用杜果覆盆子酱汁在盘子上画出圆点，并放上卡戴夫。

用薄荷叶装饰，并用装有圆形花嘴的裱花袋挤上鲜奶油。

用西洋蓍草叶装饰，并撒上椰子油粉。

用金盏花花瓣装饰，并摆上椰子冰淇淋，其中一个切成两半。

Combinaison de raisin et lait fermenté

葡萄与酸奶的组合

糖煮葡萄、蜂蜜慕斯、酸奶酱、酸奶片、
蜂蜜酒萨芭雍、糖渍吐司丁、白酒渍葡萄干等

以葡萄及酸奶食品为主角，搭配其他相关材料，这是一场味觉盛宴。
将揉入蜂蜜制成的吐司丁用带有香料味的糖液腌制，
搭配蜂蜜慕斯、糖煮葡萄、白酒渍葡萄干等材料享用。
除了品尝甜点本身的美味以外，还能享受到材料组合的趣味。

蜂蜜慕斯

材料 / 12cm×12cm×5cm的正方形圈模1个（容易制作的分量）
使用1条
牛奶……45g
蜂蜜……25g
蛋黄……18g
吉利丁片……2g
白巧克力（可可含量36%）……30g
鲜奶油（脂肪含量35%，7分发）……107.5g

小贴士

可冷冻保存3天。

做法 ＊图片中为2倍分量。

1. 将牛奶及蜂蜜放入锅中，以中火加热煮沸。

2. 将蛋黄放入碗中打散，分次慢慢加入步骤1的材料搅拌。

3. 倒回锅中，一边搅拌，一边以中火加热至82℃。

4. 关火之后，加入用冰水（分量外）泡开的吉利丁片搅拌，搅拌好之后再过滤至碗内。

5. 在另一个碗内放入白巧克力，隔水加热使其熔化。加入步骤4的材料，用手持式搅拌机搅拌至乳化。

6. 将碗泡入冰水中，使温度降至32℃。

7. 加入鲜奶油搅拌均匀，倒入正方形圈模中，填至1cm高后，将表面抹平。

8. 放入冰箱冷冻2小时使其凝固变硬。从冰箱中取出后脱模，切成宽1cm、长8cm的条状。

白酒渍葡萄干

材料 / 5碟（容易制作的分量） 使用6粒
A 葡萄干……50g
　香草荚……1/3个
　柠檬（1cm厚的片状）……1片
白酒……50g

做法
将A放入消过毒的干净容器中，加入白酒，放入冰箱中冷藏3天。

小贴士

可冷藏保存7天。

糖煮葡萄

材料 / 5碟（容易制作的分量） 使用2个
葡萄（无籽，焯水去皮）······10个
水······100g
白酒······100g
细砂糖······30g
橙子（1cm厚的片状）······1片

做法

将全部材料放入锅中，以中火煮沸后关火。放凉后覆上保鲜膜，放入冰箱中冷藏1天。

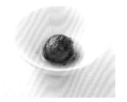

小贴士

＊使用的是巨峰葡萄或长野紫葡萄等外皮为紫红色的品种。
＊可冷藏保存5天。

雪茄圈

材料 / 直径2.7cm、高5cm的圈模20个（容易制作的分量） 使用2个
蛋白······55g 低筋面粉······54g
糖粉······90g 黄油······54g

做法

1 将蛋白及糖粉放入碗中搅拌。

2 加入事先过筛的低筋面粉搅拌，再加入熔化的黄油，搅拌使其乳化。

3 制作一个中间尺寸为2cm×13cm的长方形模具。将硅胶垫铺在烤盘上，放上模具，再放上面糊，用刮刀抹匀，刮掉多余的面糊。

4 放入排气阀打开的烤箱中，以160℃烘烤10分钟左右，将其烤上色，接着趁热从硅胶垫上拿起。

5 包在圈模上，做成圆圈状。

小贴士

＊长方形模具是用塑料纸等有硬度的材料将中间挖空后制成的，周围要预留大约1.5cm宽，这样操作时才能用手拿取。
＊与干燥剂一起放在密封容器中，常温下可保存5天。

酸奶酱

做法 ＊图片中为2倍分量。

材 料 / 25碟（容易制作的
分量） 使用72.5g
牛奶……100g
细砂糖……100g
沥干水分的酸奶……25g

A 柠檬酸……0.6g
| 乳酸菌粉……8g

将牛奶和细砂糖放入锅中，一
边搅拌，一边以中火加热至
70℃。

小贴士 可冷藏保存3天。

倒入碗中，将碗泡入冰水中，
搅拌至温度降至45℃。

将碗从冰水中取出，加入搅拌
成顺滑状态的酸奶，再加入混
合均匀的A，轻轻地搅拌，然
后放入干净的密封容器内冷藏
4天。

酸奶片

材 料 / 10碟（容易制作的分量） 使用3片
酸奶酱（参照上面）……50g
牛奶……10g

A 玉米淀粉……2.5g
| 细砂糖……1.5g

做法 ＊图片中为2倍分量。

将酸奶酱和牛奶放入锅中，以
中火加热。

将A放入碗中搅拌。

在步骤2的碗中加入一些步骤
1的材料搅拌。

将步骤3的材料倒回锅中，以
中火加热至出现黏稠感。

在硅胶垫上铺上一层薄薄的步
骤4的材料。将硅胶垫放在烤
盘上，再放入排气阀打开的烤
箱内，以100℃烘烤10分钟，
将表面烤干。

用直径2.8cm的圈模压出形状，
再放入排气阀打开的烤箱中，
以100℃烘烤2~3小时，将其
烘干。

从烤箱中取出后，马上将酸奶
片取下来。

小贴士

和干燥剂一起放入密封容器内，
常温下可保存3天。

奶油酸奶酱

做法 ＊图片中为2倍分量。

材料 ／10碟（容易制作的分量）

使用15g

奶油奶酪……35g

A 沥干水分的酸奶……10g

│ 细砂糖……8g

鲜奶油（脂肪含量35％）……52.5g

酸奶酱（参照第113页）……22.5g

将奶油奶酪放入碗内搅拌至顺滑、没有结块为止。

加入A搅拌。分次慢慢加入鲜奶油，每次加入都用力打出泡沫来，一直搅拌到可以拉出尖角的程度。

加入酸奶酱搅拌均匀。

小贴士 ＊可用可尔必思代替。
＊可冷藏保存1天。

蜂蜜吐司

材料 ／80碟（容易制作的分量）

A 干酵母……0.75g

│ 三温糖……1.5g

│ 温水（40℃）……15g

使用150g

高筋面粉（过筛）……80g

B 盐……1.5g

│ 蜂蜜……13g

C 鲜奶油……20g

│ 牛奶……25g

│ 蛋黄……52.5g

发酵黄油……13.8g

小贴士

烤好之后可以冷藏保存3天。

做法 ＊图片中为4倍分量。

参照第146页"法式吐司"的步骤1~6制作面团。

将面团放在撒了手粉（分量外）的操作台上，取165g的面团分割成4个并揉圆，放到烤盘上。

用湿布盖住，放在28℃的室温中发酵2小时。

将面团放在撒了手粉（分量外）的操作台上，用擀面杖擀平并压出空气。从靠近身体这一侧向前卷起，再收起开口处，包成圆形。

其他的面团也用同样的方式包成圆形。将开口处封好，放入涂了薄薄一层色拉油（分量外）的烤模中。

用喷雾器喷点水（分量外），放在28℃的室温中发酵1~2小时。

将烤模放到烤盘上，盖上一层烘焙纸，再放上一个烤盘。

放入排气阀关闭的烤箱中，以180℃烘烤20分钟左右。烤成金黄色后再从烤箱中取出，脱模放凉。

糖渍吐司丁

材料 / 20碟（容易制作的分量）　使用4个

蜂蜜吐司（参照第114页）　桂皮……1/4根
　……150g　　　　　　　　丁香花蕾……1/2个
水……125g　　　　　　　　粉红胡椒粒（压碎）
甜菜糖……25g　　　　　　　……3粒的分量
八角茴香……1/2个

小贴士

＊吐司丁中心柔软但是表面已干燥就可以从烤箱中取出了。
＊可冷藏保存3天。

做法

1 将蜂蜜吐司切成边长1cm的丁状。	2 将吐司丁以外的材料放入锅中，以中火煮沸后关火，覆上保鲜膜闷1小时。	3 将吐司丁铺在烤盘上，将步骤2的材料过滤后倒在烤盘上，将吐司丁浸泡10分钟左右。	4 将吐司丁排列在铺了烘焙纸的烤盘上，放入排气阀打开的烤箱中，以100℃烘烤1小时左右，将表面烘干。

蜂蜜酒萨芭雍

做法

材料 / 8碟（容易制作的分量）
使用10g
蛋黄……20g
细砂糖……25g
蜂蜜酒……30g
柠檬果汁……8g

1 将全部的材料放入锅中搅拌。	2 一边搅拌，一边以中火加热至82℃。	3 过滤至搅拌机专用碗中，以高速搅拌至发泡、变白。

小贴士　＊使用搅拌机时请装上搅拌球。
　　　　　＊可冷藏保存1天。

〈 摆盘 〉

材料 / 1人份

蜂蜜慕斯……1条　　　　　　糖渍吐司丁……4个
雪茄圈……2个　　　　　　　晴王麝香葡萄（2mm厚的片状）……2个的分量
奶油酸奶酱……15g　　　　　紫葡萄（无籽，2mm厚的片状）……2个的分量
白酒渍葡萄干……6粒　　　　酸奶片……3片
糖煮葡萄……2个　　　　　　苋菜叶……适量
蜂蜜酒萨芭雍……10g

糖煮葡萄

苋菜叶

晴王麝香葡萄

酸奶片

糖渍吐司丁

蜂蜜酒萨芭雍

紫葡萄

白酒渍葡萄干

奶油酸奶酱

雪茄圈

蜂蜜慕斯

摆盘窍门 / 容器：大圆盘（直径30.5cm）

将蜂蜜慕斯放到盘子上，摆成曲线形。

沿着蜂蜜慕斯的弧度摆上雪茄圈。

将奶油酸奶酱放入装有圆形花嘴的裱花袋中，再挤入雪茄圈中。

放上白酒渍葡萄干及糖煮葡萄。

淋上蜂蜜酒萨芭雍，并在盘子上画上圆点。

放上糖渍吐司丁。

叠上晴王麝香葡萄片及紫葡萄片。

放上酸奶片，用苋菜叶装饰。

Fondant au chocolat, parfumé à la lavande

薰衣草风味熔岩巧克力蛋糕

薰衣草熔岩巧克力蛋糕、薰衣草冰淇淋、
薰衣草巧克力慕斯、咖啡可可奶酥、黑醋栗果酱等

越是温热就越能凸显出香味，熔岩巧克力蛋糕中添加了薰衣草，
流出巧克力的瞬间也散发出了薰衣草的香味，比起一般的熔岩巧克力蛋糕更具吸引力。
此外，从薰衣草美丽的颜色中得到灵感，
以薰衣草蓝锦葵蛋白饼搭配黑醋栗果酱，形成鲜明的对比。

薰衣草酒

材 料 / 50碟（容易制作的分量） 使用8g
薰衣草（干燥）……2.5g
伏特加……40g

做法
将全部材料放入煮沸消毒后的容器中搅拌均匀，盖上盖子，
放在阴凉处浸泡1个月，让薰衣草的香味融入伏特加中。

小贴士

可冷藏保存70天。

薰衣草风味甘纳许

材 料 / 15碟（容易制作的分量） 使用40g
薰衣草（干燥）……3g 黑巧克力（可可含量72%）……70g
鲜奶油（脂肪含量35%）……75g 牛奶巧克力（可可含量40%）……17g
转化糖……4g 薰衣草酒（参照上面）……8g

做法

将薰衣草和鲜奶油放入锅中，
以中火加热煮沸。

离火，用手持式搅拌机将薰衣
草打碎，覆上保鲜膜，浸泡1
小时。

过滤至另一个锅中，并将薰衣
草挤干，加入转化糖后称一下
重量，加入鲜奶油（分量外）
将重量调整为75g。

以中火加热。

将两种巧克力放入碗中，一边
隔水加热一边搅拌。

将步骤4的材料加入步骤5的
碗中搅拌，再用手持式搅拌机
搅拌使其乳化，并置于常温
中，待温度降至35℃。

加入薰衣草酒混合均匀。

小贴士

可冷藏保存5天。

薰衣草砂糖

材 料 / 10碟（容易制作的分量） 使用适量
细砂糖……50g
薰衣草（干燥）……5g

做法
将全部材料放入搅拌机中，以高速打碎。
过筛至碗中，去除大块的碎粒。

小贴士

可常温保存30天。

薰衣草熔岩巧克力蛋糕

材料 / 直径5.5cm、高4cm的圈模2个（容易制作的分量） 使用1个

低筋面粉……8g	薰衣草风味甘纳许
鸡蛋……27g	（参照第118页）……40g
细砂糖……18g	黄油……28g

（参照第118页）

做法

1 在碗中放入过筛的低筋面粉及鸡蛋、细砂糖，搅拌均匀后再加入薰衣草风味甘纳许，搅拌。

2 加入隔水加热熔化的黄油，搅拌均匀。

3 在圈模内侧放入卷成筒状的烘焙纸，并将其排列在铺了硅胶垫的烤盘上。将步骤2的材料倒入圈模中，填至4cm高。

4 放入排气阀关闭的烤箱中，以180℃烘烤5分钟。从烤箱中取出，脱模并撕掉烘焙纸。

薰衣草冰淇淋

材料 / 25碟（容易制作的分量） 使用15g

A 牛奶……124g	蛋黄……50g
薰衣草（干燥）……1g	细砂糖……40g
鲜奶油（脂肪含量35%）……124g	浓缩香橙果泥……40g
蜂蜜（薰衣草花蜜）……50g	

做法

1 将A放入锅中，以中火加热煮沸后，以手持式搅拌机将薰衣草打碎。放凉后覆上保鲜膜，放入冰箱中冷藏1小时。

2 加入鲜奶油及蜂蜜，以中火加热煮沸。

3 将蛋黄及细砂糖放入碗中搅拌，分次加入步骤2的材料，搅拌均匀。

4 倒回锅中，一边搅拌，一边以中火加热至82℃。

5 过滤至另一个碗中，将碗泡入冰水中，一边搅拌，一边使温度降至10℃以下。

6 加入浓缩香橙果泥，用手持式搅拌机搅拌均匀。

7 放入冰淇淋机中，搅拌至冰淇淋液因打入空气开始变白，并且变硬到可以附着在搅拌叶片上的程度。

薰衣草蓝锦葵蛋白饼

材料 / 30cm×30cm的烤盘1个（容易制作的分量） 一口大小的蛋白饼使用4片

A 蛋白……70g 海藻糖……40g
蓝锦葵（干燥）……2g 玉米淀粉……5.2g
薰衣草砂糖（参照第118页）……23g

做法

将A放入碗中混合，放入冰箱中冷藏0.5~1小时，使蓝锦葵变成鲜艳的蓝色。

过滤至另一个碗中，称重，若不到72g的话再加入蛋白（分量外）补足。

加入薰衣草砂糖及海藻糖，用搅拌机（高速）充分地搅拌至能拉出尖角为止。

加入玉米淀粉，用硅胶刮刀搅拌均匀。

在铺了烘焙纸的烤盘背面涂上2mm厚的做好的蛋白霜。

放入排气阀打开的烤箱中，以100℃烘烤1.5~2小时，再掰成一口大小。

小贴士

＊使用搅拌机时请装上搅拌球。
＊烘烤时可以在烘焙纸的四个角涂一点蛋白霜当作黏合剂，这样烘烤时才不会被烤箱中的风吹起导致蛋白霜变形。
＊和干燥剂一起放入密封容器中，可常温保存5天。

薰衣草巧克力慕斯

材料 / 直径4.5cm的半球形硅胶模具20个（容易制作的分量） 使用2个

A 薰衣草（干燥）……1g B 牛奶巧克力（可可含量42%）……71g
牛奶……50g 黑巧克力（可可含量72%）……10g
吉利丁片……1.6g 鲜奶油（脂肪含量35%，8分发）……112g

做法

将A放入锅中，以中火煮沸后离火，用手持式搅拌机搅拌后覆上保鲜膜，放凉后放入冰箱中冷藏1小时。

过滤至碗中，再倒回锅中以中火煮沸，加入用冰水（分量外）泡开的吉利丁片，使其溶化。

将B放入碗中，隔水加热使其熔化。接着加入步骤2的材料混合，再用手持式搅拌机搅拌至乳化。

将碗泡入冰水中，使温度降至30℃。

加入1/2量的鲜奶油搅拌，混合均匀后再加入剩下的鲜奶油混合均匀。

放入裱花袋中，挤入半球形模具中，填至1/2满，放入冰箱中冷冻3小时使其凝固变硬。

小贴士

可冷冻保存2周。

咖啡可可奶酥

材料 / 15碟（容易制作的分量）　使用20g

黄油……140g

盐……1g

海藻糖……75g

黑巧克力（可可含量68%）……17.5g

鲜奶油（脂肪含量35%）……25g

牛奶……13.5g

蛋黄……5g

速溶咖啡粉……2.5g

A 低筋面粉……125g

　 高筋面粉……85g

　 可可粉……41g

可可脂……烤好的奶酥的1/3的量

准备

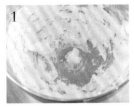

将黄油及盐放入搅拌机专用碗中，以中速搅拌成顺滑的霜状，再加入海藻糖搅拌。

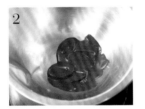

将巧克力放入另一个碗中隔水加热，使其熔化。

在步骤2的碗中加入煮沸的鲜奶油，搅拌至乳化。

在步骤3的碗中加入牛奶搅拌，接着加入蛋黄及速溶咖啡粉搅拌，一直搅拌到温度降至35℃以下。

分次将步骤4的材料加入步骤1的材料中，搅拌至乳化。

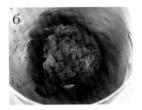

加入事先混合并过筛的A，搅拌至没有粉粒、变成一块面团为止。将面团放入冰箱中冷藏1天。

做法

从冰箱中取出面团，透过粗筛网挤压到烤盘上，并将压好的面团铺匀。

放入冰箱中冷藏30分钟使其表面变硬。

小贴士

＊使用搅拌机时请装上搅拌叶片。

＊裹上可可脂后奶酥外会形成一层膜，冷却后使用才不会有湿气。

＊烘烤前的奶酥面团可以冷冻保存3周。烤好的奶酥和干燥剂一起放在密封容器内，常温下可保存5天。

放入排气阀打开的烤箱中，以160℃烘烤20~30分钟，烤至奶酥上色均匀。

烤好之后倒入碗中。将可可脂放入微波炉中，以500W的功率加热数次，每次加热10~15秒，一直加热到熔化，再加入奶酥中搅拌。

将搅拌均匀的奶酥放在铺有烘焙纸的烤盘上，放入冰箱中冷藏1小时使其冷却变硬。

黑醋栗果酱

材料／10碟（容易制作的分量） 使用20g

细砂糖……20g
玉米淀粉……4g
黑醋栗果泥……200g

小贴士

可冷藏保存3天。

做法

1. 将细砂糖及玉米淀粉放入碗中，加入40g黑醋栗果泥搅拌。

2. 将其余的黑醋栗果泥放入锅中，以中火煮沸后加入步骤1的材料，一边搅拌一边加热至完全沸腾。

3. 倒入碗中，将碗泡入冰水中，一边搅拌一边降温。

可可片

材料／30cm×30cm的烤盘1个（容易制作的分量）
一口大小的可可片使用2片

可可粉……52.5g 黄油……5g
细砂糖……40g 水饴……25g
水……60g

小贴士

烘烤前的可可糊可以冷冻保存3周。烘烤后与干燥剂一起放入密封容器中，常温下可保存1天。

做法

1. 将可可粉及细砂糖放入碗中混合，分次加入水搅拌至没有结块为止。

2. 将黄油及水饴放入耐热碗中，放进微波炉以500W的功率加热数次，每次加热30秒，一直加热到材料熔化，拌匀。

3. 将步骤2的材料加入步骤1的碗中混合，再用手持式搅拌机搅拌均匀。

4. 将步骤3的材料放到架在碗上的筛网上，慢慢滤至碗中。

5. 将硅胶垫铺在操作台上，涂上薄薄的一层步骤4的材料，放在烤盘上，放入排气阀打开的烤箱中，以150℃烘烤8~10分钟。

6. 趁热从硅胶垫上取下可可片，掰成一口大小。

〈 摆盘 〉

材料 / 1人份

黑醋栗果酱……20g
咖啡可可奶酥……20g
鲜奶油（脂肪含量35%，9分发）……8g
薰衣草巧克力慕斯……2个
薰衣草冰淇淋……15g

薰衣草蓝锦葵蛋白饼……一口大小的4片
薰衣草熔岩巧克力蛋糕……1个
可可片……一口大小的2片
苋菜叶、薰衣草砂糖……各适量

薰衣草熔岩巧克力蛋糕，
旁边放的是薰衣草冰淇淋

可可片

薰衣草巧克力慕斯

薰衣草蓝锦葵蛋白饼

咖啡可可奶酥

薰衣草砂糖

鲜奶油

苋菜叶

黑醋栗果酱

摆盘窍门 / 容器：大圆盘（直径30.5cm）

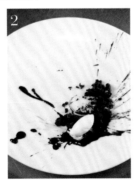

1 用汤匙舀取黑醋栗果酱在盘子上画出图案。

2 撒上咖啡可可奶酥，放上梭子状的鲜奶油。

3 放上薰衣草巧克力慕斯及梭子状的薰衣草冰淇淋，再用薰衣草蓝锦葵蛋白饼装饰。

4 摆上薰衣草熔岩巧克力蛋糕，用可可片及苋菜叶装饰，再撒上薰衣草砂糖。

Soupe froide de tomates et oranges

番茄香橙冷甜点

番茄香橙冷汤、酸奶冰淇淋、薄荷雪糕、
番茄覆盆子酱、蜂蜜橄榄油汁等

用番茄和香橙做成汤，再摆上酸奶冰淇淋及薄荷雪糕，
入口即能感受到酸奶及薄荷的清爽滋味扩散开来，
随之而来的是番茄及香橙的酸味及甜味。
将其冰镇，才能直接地传达出这道甜点的美味。

番茄香橙冷汤

材 料 ／10碟（容易制作的分量）　使用35g

番茄（焯水去皮，切成2cm长的块）……150g

香橙果肉（去除薄膜，切半）……75g

百香果籽……40g

三温糖……65g

柠檬汁……2g

琴酒……3g

茴香粉……适量

做 法

将番茄、香橙果肉、百香果籽放入锅中，以中火加热煮沸。

加入三温糖，以中火加热煮沸。转成小火，一边搅拌，一边熬至剩下原来的2/3的量。

将锅泡入冰水中，搅拌至温度降至30℃以下，并加入柠檬汁、琴酒及茴香粉调味。

小贴士

可冷藏保存3天。

番茄覆盆子酱

材 料 ／10碟（容易制作的分量）　使用5g

番茄（焯水去皮，切成块状）……31.5g

覆盆子（可使用冷冻的）……31.5g

三温糖……7.5g

荔枝力娇酒……12.5g

做 法

将番茄、覆盆子、三温糖放入锅内，以中火加热，煮沸后转成小火，一边将其研碎，一边加热至再次沸腾。

离火，用手持式搅拌机搅拌，再过滤至碗内。

放凉后加入荔枝力娇酒搅拌。

小贴士

可冷藏保存3天。

生姜泡沫

材 料 ／10碟（容易制作的分量）　使用1大匙

A　生姜（去皮）……33.3g
　水……66.7g
　细砂糖……66.7g
　丁香花蕾、肉桂粉……各少许

B　柠檬汁……37.5g
　大豆卵磷脂粉……3g

做 法

将A放入碗中搅拌，过滤至锅中以中火煮沸。倒入另一个碗中，加入B，用手持式搅拌机搅拌成泡沫。

小贴士

可冷冻保存3天。

酸奶冰淇淋

材料 / 直径8cm、厚0.8cm的圆片6片（容易制作的分量）　使用1片

原味酸奶……333g　　　　　　细砂糖……56.7g

沥干水分的酸奶……100g　　　蜂蜜……30g

做法

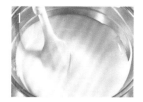  

1	2	3	4
将全部材料放入碗内，搅拌到酸奶呈现顺滑状为止。	放入冰淇淋机中，搅拌至冰淇淋液因打入空气开始变白，并且变硬到可以附着在搅拌叶片上的程度。	将步骤2的材料倒入铺有OPP塑料纸的操作台上，盖上一张塑料纸，将材料夹在中间，用擀面杖擀制成大约0.8cm厚。	放入冰箱冷冻3小时。从冰箱中取出，用直径8cm的圈模压成圆片。

小贴士　＊全部材料混合后如果温度超过10℃，可以将碗泡入冰水中，隔水降温至10℃以下。

　　　　　＊冰淇淋液中空气含量太多的话，冰淇淋会变得很硬，必须特别注意。

　　　　　＊在材料两侧放上0.8cm高的方形木条，有助于擀出均匀的厚度。

　　　　　＊可冷冻保存2周。

薄荷雪糕

材料 / 15碟（容易制作的分量）　使用15g

水……260g　　　　　A ┌ 细砂糖……66g　　　　琴酒……4g

薄荷叶……3g　　　　　 │ 台湾香檬汁……6g

　　　　　　　　　　　 └ 柠檬汁……6g

做法

1	2	3
将水放入锅中煮沸，放入切碎的薄荷叶中，覆上保鲜膜，闷12小时。	过滤至碗中，加入A搅拌。将碗泡入冰水中，搅拌至温度降至10℃以下。	放入冰淇淋机中，搅拌至雪糕液因打入空气开始变白，并且变硬到可以附着在搅拌叶片上的程度。

小贴士

＊雪糕液中空气含量太多的话，雪糕会变得很硬，必须特别注意。

＊可冷冻保存2周。

〈 摆盘 〉

材料 / 1人份

卡仕达酱（参照第10页）……35g　　　　　　番茄香橙冷汤……35g

白兰地风味奶油（参照第27页）……6g的2个　蜂蜜橄榄油汁（参照第36页）……5g

麝香葡萄（2mm厚的片状）……1个的分量　　糖衣蔓越莓（参照第29页）……3g

小番茄（2mm厚的片状）……3片　　　　　　酸奶冰淇淋……1片

台湾香檬（2mm厚的片状）……2片　　　　　薄荷雪糕……15g

酸奶酱（参照第45页）……3g　　　　　　　 生姜泡沫……1大匙

番茄覆盆子酱……5g　　　　　　　　　　　 金盏花花瓣、花瓜草花……各适量

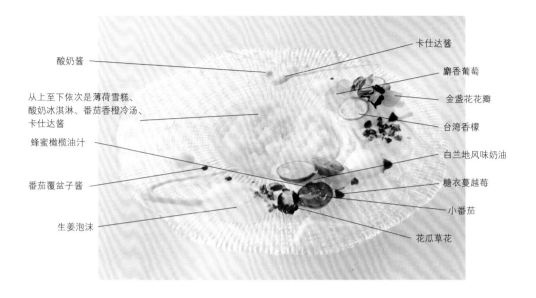

酸奶酱

卡仕达酱

麝香葡萄

金盏花花瓣

台湾香檬

从上至下依次是薄荷雪糕、
酸奶冰淇淋、番茄香橙冷汤、
卡仕达酱

蜂蜜橄榄油汁

白兰地风味奶油

糖衣蔓越莓

番茄覆盆子酱

小番茄

生姜泡沫

花瓜草花

摆盘窍门 / 容器：宽沿圆盘（直径24.5cm、中央直径8cm、深3.5cm）

将卡仕达酱分成20g及15g两部分，用15g卡仕达酱在盘子上画上线条。

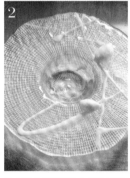

放上两个梭子状的白兰地风味奶油。

依次叠上麝香葡萄、小番茄、台湾香檬，再用金盏花花瓣及花瓜草花装饰。

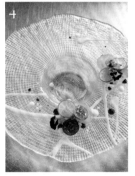

用勺子舀取酸奶酱、番茄覆盆子酱，在盘子上画上圆点。

在中央依次放入20g卡仕达酱及番茄香橙冷汤，在盘子上整体淋上蜂蜜橄榄油汁。

撒上糖衣蔓越莓，将酸奶冰淇淋切成4块放在盘子中央，叠上薄荷雪糕，再用生姜泡沫装饰。

Sorbet au citron et glace à la praline

柠檬雪糕佐果仁糖冰淇淋

柠檬雪糕、果仁糖冰淇淋、焦糖炒香蕉和栗子、
柠檬草慕斯、马斯卡彭奶酪酱、红酒酱等

这道甜点充满了柠檬清爽的酸味及坚果的香气和微苦味。
活用各种材料，在一道甜点中展现出多种风味的多层次对比。
以达克瓦兹为容器装满其他材料，甜点的外形非常有趣。
再搭配上红酒酱，增添了一股沉稳的气息。

糖煮柠檬皮

做法　＊图片中为2倍分量。

材料 / 13碟（容易制作的分量）　使用225g
柠檬皮（2~3mm厚的片状）
　……2.5个的分量
水……250g
细砂糖……125g

在锅中加水（分量外），以大火加热煮沸，放入柠檬皮煮一下去涩，再用筛网将柠檬皮捞起沥干。

在另一个锅中放入水、细砂糖，以小火加热煮成糖液。再加入柠檬皮，将其煮至软且透明。

用筛网捞起沥干，放入搅拌机中以高速打成细碎的泥状。

小贴士　＊将柠檬的皮和果肉分开后，2.5个分量的柠檬汁在制作柠檬雪糕时会用到。
＊为了凸显柠檬风味，柠檬皮只要用糖液煮一次就够了，煮柠檬皮的水可以倒掉。
＊熬煮过程中水变少的话可以再加水。
＊不用搅拌机，用刀切碎柠檬皮也可以。
＊可冷冻保存2周。

柠檬雪糕

材料 / 20碟（容易制作的分量）　使用20个
水……250g
细砂糖……112g
糖煮柠檬皮（参照上面）……225g
柠檬汁……140g
浓缩香橙果泥……60g

小贴士

＊雪糕液中空气含量太多的话，雪糕会变得很硬，必须特别注意。
＊在材料两侧放上1.5cm高的方形木条，有助于擀出均匀的厚度。
＊可冷冻保存2周。

做法

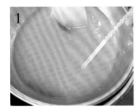   

将水及细砂糖放入碗中搅拌，再放入其他材料搅拌。将碗泡入冰水中使温度降至10℃以下。

放入冰淇淋机中，搅拌至雪糕液因打入空气开始变白，并且变硬到可以附着在搅拌叶片上的程度。

将步骤2的材料倒在铺有OPP塑料纸的操作台上，盖上一张塑料纸，将材料夹在中间，用擀面杖擀制成大约1.5cm厚。

放入冰箱冷冻3小时。从冰箱中取出，切成1.5cm见方的块。

马斯卡彭奶酪酱

材料 / 8碟（容易制作的分量）　使用15g
马斯卡彭奶酪……80g　　枫糖浆……20g
牛奶……20g　　朗姆酒……4g

做法
将全部材料放入碗中，用打蛋器搅拌至发泡并出现黏稠感。

小贴士

可冷藏保存1天。

榛子果仁糖

材料 / 10碟（容易制作的分量）　使用93.3g

榛子（带皮）……50g
水……15g
细砂糖……75g

做 法　＊图片中为2倍分量。

1 将榛子放入排气阀打开的烤箱中，以170℃将其烘烤成咖啡色。

2 从烤箱中将榛子取出，放在筛网上滚动去皮。

3 将水、细砂糖放入锅中，以中火加热至116℃，制成糖浆。

4 关火，加入榛子，用木铲从底部往上翻动，慢慢地搅拌，使榛子表面裹满糖浆，搅拌至糖浆结晶。

5 再次以中火加热，一边搅拌一边熬煮，过程中转成小火以避免煮焦，将其煮成深焦糖色。

6 将硅胶垫铺在烤盘上，再倒上步骤5的材料并铺匀，放在常温中冷却。

7 掰碎后放入搅拌机中以高速打成粗碎粒。

小贴士

＊刚烤好的榛子很烫，可以稍微放凉后再去皮。
＊因为榛子可以很快去皮，使用筛网的同时也可以用手辅助。
＊没用到的榛子果仁糖和干燥剂一起放在密封容器中，在常温下可保存7天。

英式蛋奶酱

材料 / 550g（容易制作的分量）　使用全量

牛奶……386.7g
细砂糖……66.7g
蛋黄……106.7g

小贴士

可冷藏保存2天。

做 法

1 将牛奶及1/2的细砂糖放入锅中，以中火加热至即将沸腾。

2 将蛋黄及剩下的细砂糖放入碗中搅拌，分次慢慢加入步骤1的材料搅拌，注意不要将蛋黄烫熟。

3 放入锅中，以小火至中火加热至82℃，一边加热一边搅拌至出现黏稠感。

4 过滤至碗中，将碗泡入冰水中降温，过程中要不时地搅拌，避免表面形成薄膜。

果仁糖冰淇淋

材料 ／35碟（容易制作的分量） 使用25g

细砂糖……48g	鲜奶油（脂肪含量35%）……153g
水饴……64g	A 英式蛋奶酱（参照第130页）……550g
盐……1.3g	榛子果仁糖（参照第130页）……83.3g

做法

1 将细砂糖、水饴、盐放入锅中，以中火加热煮成深焦糖色。

2 在另一个锅中放入鲜奶油，以中火加热至将要沸腾的状态。

3 将步骤1的材料煮成深焦糖色后关火，分次加入步骤2的材料搅拌。

4 一边搅拌，一边以中火加热至106℃。

5 倒入碗中，将碗泡入冰水中，一边搅拌一边使温度降至10℃以下。

6 加入A，用手持式搅拌机拌匀。

7 放入冰淇淋机中，搅拌至冰淇淋液因打入空气开始变白，并且变硬到可以附着在搅拌叶片上的程度。

小贴士

＊冰淇淋液中空气含量太多的话，冰淇淋会变得很硬，必须特别注意。

＊可冷冻保存2周。

红酒酱

材料 ／30碟（容易制作的分量） 使用12g

红酒……100g
细砂糖……50g
橙子（1cm厚的片状）……1片
桂皮……1/4根
香草荚……1/5个
八角茴香……1/2个
丁香花蕾……1个

做法

1 将全部材料放入锅中，一边以中火加热一边搅拌，直到水分减少1/2、液体出现浓稠感。

2 将锅泡入冰水中，一边搅拌一边使其冷却。

小贴士 可冷藏保存7天。

柠檬草慕斯

材料 / 直径5cm、高2cm的圈模12个（容易制作的分量） 使用1个

A 牛奶……132g　　　　　　　　蛋黄……46g

　鲜奶油（脂肪含量35%）……100g　蜂蜜……46g

　细砂糖……32.5g　　　　　　　吉利丁片……3.6g

柠檬草（干燥）……3g

做法

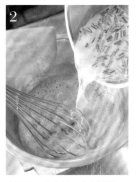

1　将A放入锅中，以中火煮沸后关火，放入柠檬草，覆上保鲜膜闷5分钟。

2　将蛋黄及蜂蜜放入碗中搅拌，再次将步骤1的材料加热至将要沸腾的状态，将1/2量的步骤1的材料加入碗中混合均匀。

3　将步骤2的材料倒回锅中，以小火加热至82℃。

4　过滤至碗中，用硅胶刮刀挤压柠檬草，沥干。

5　加入用水（分量外）泡开的吉利丁片，搅拌，使其溶入液体中。

6　将碗泡入冰水中，使温度降至10℃以下。

7　将直径5cm的圈模排列在铺了OPP塑料纸的烤盘上，在圈模中倒入1cm高的步骤6的材料，放入冰箱中冷冻3小时。

小贴士

可冷冻保存7天。

达克瓦兹（1）

材料 / 直径4cm的半球形硅胶模具12个（容易制作的分量） 使用1个

A 蛋白……87g　　　B 低筋面粉……13g　　　糖粉……适量

　柠檬汁……2g　　　杏仁粉……77g

细砂糖……22g　　　糖粉……35g

做法

将A放入冰箱中冷藏大约30分钟，再放入搅拌机专用碗中，加入细砂糖，用搅拌机高速搅拌成紧实的蛋白霜。

加入混合并过筛的B搅拌。

将直径4cm的半球形硅胶模具排列在烤盘上（凸面向上）。

将步骤2的材料放入装有圆形花嘴的裱花袋中，以旋转的方式挤在步骤3的模具上。

用筛网整体筛上两次糖粉。

放入排气阀打开的烤箱中，以160℃烘烤17分钟左右，将达克瓦兹烤上色。

从烤箱中取出后放凉，从模具上取下达克瓦兹，翻面放到烤盘上。再放入排气阀打开的烤箱中，以100℃烘烤2小时。

小贴士

＊使用搅拌机时请装上搅拌球。
＊面糊没有搅拌均匀的话，使用裱花袋的时候不好挤；但是搅拌过度又会变得太稀，须特别注意。
＊将模具一个一个拆开，比较容易取下烤好的达克瓦兹，操作上比较方便。
＊面糊之间如果有空隙的话，可以再挤一点面糊补足。
＊没有完全烤干的话，脱模时容易破裂，务必完全烤干。
＊和干燥剂一起放在密封容器中，可常温保存7天。

砂糖杏仁条

材料 / 15碟（容易制作的分量）　使用6g

杏仁条……50g
水……9g
细砂糖……25g

做法　＊图片中为2倍分量。

小贴士

和干燥剂一起放在密封容器中，可常温保存7天。

将杏仁条放在烤盘上，放入排气阀打开的烤箱中，以170℃烘烤15分钟左右，将杏仁条烤上色。

将水、细砂糖放入锅中，以中火加热至116℃，制成糖液。

关火后加入杏仁条，用木铲从底部往上翻动，慢慢地搅拌，使杏仁条表面裹满糖浆，搅拌至糖浆结晶。

倒在烤盘上铺匀，放入排气阀打开的烤箱中，以100℃烘烤30分钟左右，将其烘干。

焦糖炒香蕉和栗子

材料 / 1碟　使用全量

三温糖……15g

香蕉（1cm见方的块）……1/5根的分量

涩皮栗子（5mm见方的块，参照第175页）

　　……1/2个的分量

朗姆酒……15g

鲜奶油（脂肪含量35%）……30g

做法

1	2	3	4
将三温糖放入锅中，以中火加热将其煮成焦糖色。	加入香蕉及涩皮栗子，一边加热一边搅拌。	加入朗姆酒搅拌后离火。	加入鲜奶油，搅拌均匀并注意不要将材料搅碎。

〈 摆盘 〉

材料 / 1人份

达克瓦兹（1）……1个

红酒酱……12g

鲜奶油（脂肪含量35%，9分发）……5g

砂糖杏仁条……6g

马斯卡彭奶酪酱……15g

柠檬草慕斯……1个

果仁糖冰淇淋……25g

柠檬雪糕……20个

榛子果仁糖……10g

焦糖炒香蕉和栗子……1碟

食用菊花花瓣……2片

柠檬草（新鲜）……适量

榛子果仁糖

柠檬草

柠檬雪糕，中间是果仁糖冰淇淋

柠檬草慕斯

焦糖炒香蕉和栗子

砂糖杏仁条（切碎）

食用菊花花瓣

鲜奶油

红酒酱

达克瓦兹（1），中间是马斯卡彭奶酪酱

摆盘窍门 / 容器：大圆盘（直径24cm）

1

稍微整理一下达克瓦兹侧面的形状，并将底部平整地削掉一小部分。

2

将红酒酱分成10g及2g两部分，用10g红酒酱在盘子上画一个圆圈。

3

在圆圈中放入少许作为基座的鲜奶油。

4

将达克瓦兹放在鲜奶油上。

5

用刀将砂糖杏仁条切成粗碎粒，分成4g和2g两部分，并在达克瓦兹的周围撒上4g砂糖杏仁条碎粒。

6

在达克瓦兹中间放入马斯卡彭奶酪酱。

7

将柠檬草慕斯脱模后放在达克瓦兹上。

8

用深汤匙挖1匙梭子状的果仁糖冰淇淋，将其放在慕斯上。

9

将柠檬雪糕堆在冰淇淋上，覆盖其表面。

10

用小勺子挖1勺梭子状的鲜奶油，放在雪糕上。

11

从上方淋下2g红酒酱，并撒上榛子果仁糖，再用纵向切成细丝的柠檬草及菊花花瓣装饰。

12

将焦糖炒香蕉和栗子摆在达克瓦兹周围，最后撒上剩下的砂糖杏仁条碎粒。

Tiramisu parfumé à l'Amaretto

杏仁酒提拉米苏

杏仁酒慕斯、浓缩咖啡舒芙蕾、咖啡风味巧克力冻、
榛子奶油糖片、伏特加渍美国樱桃、浓缩咖啡酱等

以杏仁酒风味的材料搭配吸满咖啡糖汁的达克瓦兹，
放在浓缩咖啡舒芙蕾上，做成提拉米苏。
用来提味的是用伏特加腌渍的美国樱桃、榛子奶油糖片、咖啡果仁糖碎粒。
盘中充满了咖啡的香气，绝妙的组合俘虏你的心。

达克瓦兹（2）

材料 / 30cm×30cm的烤盘1个（容易制作的分量） 使用全量

A 蛋白……87g
　柠檬汁……2g
　细砂糖……22g

B 低筋面粉……13g
　杏仁粉……77g
　糖粉……35g

小贴士

和干燥剂一起放在密封容器中，常温下可保存7天。

做法

1 参照第133页上方的步骤1、2制作面糊。在铺了烘焙纸的烤盘上铺1cm厚的面糊，在表面撒满糖粉（分量外）。

2 放入排气阀打开的烤箱中，以170℃烘烤15分钟左右，将其烤上色。

3 从烤箱中取出后翻面，撕掉烘焙纸，再放回排气阀打开的烤箱中，以100℃烘烤120分钟，将其烤干。

4 从烤箱中取出，掰成碎片。

咖啡糖汁

材料 / 250g（容易制作的分量） 使用全量

水……105g
细砂糖……51g
浓缩咖啡……105g
速溶咖啡粉……8g

做法 ＊图片中为2倍分量。

1 将水和细砂糖放入锅中，以中火煮沸。

2 倒入碗中，加入浓缩咖啡及速溶咖啡粉搅拌。

3 将碗泡入冰水中降温。

小贴士

可冷藏保存3天。

浓缩咖啡舒芙蕾

材料 / 直径5.5cm、高5cm的圈模10个（容易制作的分量） 使用3/4个

蛋白……54.5g
柠檬汁……2.3g
奶油奶酪……62.5g
切达奶酪……10g
浓缩咖啡……70g

A 蛋黄……18g
　细砂糖……5g
　玉米淀粉……7.7g
细砂糖……17.5g
海藻糖……18g

小贴士

可冷藏保存3天。

做法

参照第23页奶酪舒芙蕾的做法制作（以浓缩咖啡代替牛奶和鲜奶油），做好之后每个切成4块。

杏仁酒慕斯

材料 / 25cm×25cm×5cm的正方形模具1个（容易制作的分量） 使用50g

达克瓦兹（2）（参照第137页）……全量　　　杏仁酒……35g
咖啡糖汁（参照第137页）……250g　　　　　吉利丁片……1g
蛋黄……60g　　　　　　　　　　　　　　　马斯卡彭奶酪……250g
细砂糖……60g　　　　　　　　　　　　　　鲜奶油（脂肪含量35%，8分发）……250g

做 法

用达克瓦兹碎片填满模具底部。

倒入咖啡糖汁，再用刷子将全部的达克瓦兹均匀地刷上糖汁，放入冰箱冷冻2小时使其冷却变硬。

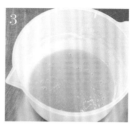
将蛋黄及细砂糖放入耐热碗中搅拌，加入25g杏仁酒。

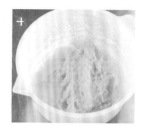
放入微波炉中，以500W的功率分次加热并搅拌，每次加热30秒，一直加热到蛋黄液开始出现一个一个凹洞。

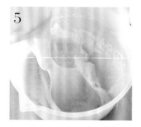
加入用冰水（分量外）泡开的吉利丁片搅拌。

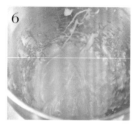
过滤至搅拌机专用碗中，启动搅拌机，中速搅拌至颜色发白，过程中加入10g杏仁酒继续搅拌。

搅拌好后倒入另一个碗中，加入马斯卡彭奶酪搅拌，再分两次加入鲜奶油搅拌。

将步骤2的材料从模具中取出，将模具清洗干净后放到铺有OPP塑料纸的烤盘上，倒入2cm高的步骤7的材料，再将表面抹平。

将步骤2的达克瓦兹平整地放到步骤8的材料上。

在达克瓦兹上倒上2cm高的步骤7的材料，将表面抹平后放入冰箱中冷藏3小时使其冷却定型。

小贴士

＊使用搅拌机时请装上搅拌球。
＊使用微波炉加热的过程中要分次取出搅拌，才能均匀地加热。因为材料糖度比较高，所以使用微波炉加热不容易烧焦。
＊将材料倒入碗中，加入马斯卡彭奶酪前测量一下温度。
＊可冷冻保存2周。

咖啡拿铁泡沫

材料 / 75g（容易制作的分量） 使用2g
浓缩咖啡……50g
牛奶……25g

做 法

将浓缩咖啡及牛奶放入碗中搅拌，加热至60℃左右，用手持式搅拌机打出细腻的泡沫。

小贴士

可冷冻保存2周。

咖啡果仁糖碎粒

材料／15碟（容易制作的分量）　使用5g
杏仁粉……18g
浓缩咖啡粉……7g
水……20g
细砂糖……50g

小贴士

和干燥剂一起放在密封容器中，常温下可保存5天。

做法

将杏仁粉和浓缩咖啡粉倒入碗中搅拌。

在锅中放入水和细砂糖，以中火加热至130℃。

关火，加入步骤1的材料，用木铲慢慢地搅拌成小碎粒。

倒在铺有烘焙纸的烤盘上降温。

浓缩咖啡酱

材料／10碟（容易制作的分量）　使用5g

A　浓缩咖啡……113g
　　细砂糖……25g
　　速溶咖啡粉……15g
　　水饴……28.5g

B　细砂糖……25g
　　玉米淀粉……10g
吉利丁片……1.5g

小贴士

可冷藏保存5天。

做法　＊图片中为2倍分量。

将A放入锅中用中火煮沸。

将B倒入碗中搅拌，再在碗中加入一些步骤1的材料搅拌，倒回步骤1的锅中以中火加热，一边搅拌，一边加热至完全沸腾。

关火，放入用冰水（分量外）泡开的吉利丁片，使其溶化。

倒入碗中，将碗泡入冰水中降温。

伏特加渍美国樱桃

材料／3碟（容易制作的分量）　使用3个
美国樱桃（去核、去果柄）……10个
冰糖……72g
香草荚……1/2个
柠檬（3mm厚的片状）……1/2个的分量
伏特加……76g

做法

将美国樱桃和冰糖分层交替放入煮沸消毒后的密封容器中，加入香草荚与柠檬，最后倒入伏特加，冰糖溶化后将容器上下颠倒摆放，浸渍3个月左右。

小贴士

＊用市售的白兰地渍酸樱桃代替也可以。
＊可冷藏保存3个月。

榛子奶油糖片

材料／7碟（容易制作的分量）
一口大小的榛子奶油糖片使用3片
榛子仁碎粒……62.5g
黄油……19g
细砂糖……18g
水饴……9g
鲜奶油（脂肪含量35%）
……6g

小贴士

和干燥剂一起放在密封容器中，
常温下可保存5天。

做法

1 将榛子仁碎粒铺在铺有烘焙纸的烤盘上，放入排气阀打开的烤箱中，以170℃烘烤10分钟左右。

2 将其他所有材料放入锅中，一边搅拌，一边以中火加热，使黄油和鲜奶油熔化。

3 关火，加入榛子仁碎粒搅拌均匀。

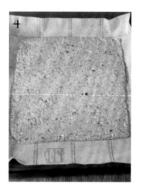

4 倒在铺有烘焙纸的烤盘上，用刮刀涂抹成2~3mm厚的长方形。

5 放入排气阀打开的烤箱中，以170℃烘烤15~20分钟，将其烤至均匀上色。

6 放凉后掰成一口大小。

咖啡风味巧克力冻

材料／20碟（容易制作的分量）　使用30g
黑巧克力（可可含量56%）……25g
黑巧克力（可可含量72%）……25g
黑巧克力（可可含量64%）……20g
牛奶巧克力（可可含量40%）……20g

A 可可粉……5g
　 细砂糖……50g

B 鲜奶油（脂肪含量35%）……100g
　 黄油……20g
　 盐……1g
　 焦糖酱（参照第95页）……45g

C 浓缩咖啡……75g
　 牛奶……75g
蛋黄……40g
肉桂粉、茴香粉……各适量

做法
参照第96页红酒风味巧克力冻的做法制作（加入C的时机和B相同）。

小贴士

可冷藏保存3天。

140

〈 摆盘 〉

材料 / 1人份

咖啡风味巧克力冻……30g
浓缩咖啡舒芙蕾……3/4个
浓缩咖啡酱……5g
杏仁酒慕斯……50g
伏特加渍美国樱桃……3个

咖啡果仁糖碎粒……5g
榛子奶油糖片……一口大小的3片
咖啡拿铁泡沫……2g
装饰巧克力（参照第148页）……3根
酢浆草……适量

酢浆草
装饰巧克力
榛子奶油糖片
伏特加渍美国樱桃

咖啡拿铁泡沫

杏仁酒慕斯，
下面是浓缩咖啡酱

浓缩咖啡舒芙蕾，
下面是咖啡风味巧克力冻

咖啡果仁糖碎粒

摆盘窍门 / 容器：大圆盘（直径24cm）

用汤匙取出咖啡风味巧克力冻，
放在盘中三处。

将浓缩咖啡舒芙蕾放在巧克力
冻上。

在舒芙蕾上淋上浓缩咖啡酱，
再用勺子挖取杏仁酒慕斯，摆
在舒芙蕾上。

在步骤3的材料旁边摆上伏特
加渍美国樱桃。

撒上咖啡果仁糖碎粒。

将榛子奶油糖片竖直摆在慕斯
旁边。

放上咖啡拿铁泡沫。

用装饰巧克力和酢浆草装饰。

Figue farcie et pain perdu, parfumés aux épices de spéculoos

无花果、红豆、法式吐司
佐莲花脆饼香料奶酥

烤无花果、法式吐司、大纳言无花果酱、
坚果莲花脆饼香料风味冰淇淋、莲花脆饼香料奶酥、
砂糖综合坚果、无花果红酒酱等

在烤好的整个无花果中填满大纳言无花果酱，
附上无花果红酒酱及坚果莲花脆饼香料风味冰淇淋，
酥脆的法式吐司、莲花脆饼香料奶酥在口中舞动起轻快的节奏，
并且散发出浓郁的香气。这是一道充满香料风味、令人满足的甜点。

大纳言红豆

材料 / 10碟（容易制作的分量） 使用适量

红豆……100g A 三温糖……40g
　　　　　 细砂糖……25g
　　　　　 盐……0.2g

小贴士

可冷藏保存5天。

准备

将红豆洗干净后，放在水中浸泡一晚。

做法

1

将沥干水分的红豆放入深口锅中，加入盖过红豆的水（分量外），用大火加热至沸腾，转成小火煮1小时左右。

2

加入1/3量的A，用中火煮10分钟。接着将剩下的A分两次加入锅中，各煮10分钟。

3

加入盐，快速搅拌后盖上盖子，一边闷一边放凉。放入冰箱冷藏6小时以上让红豆入味。

大纳言无花果酱

材料 / 15碟（容易制作的分量） 使用30g

无花果（去皮，切成4块）……165g
无花果（半干，切成1cm见方的块）……40g

三温糖……35g
大纳言红豆（参照上面）……30g

做法

1

将大纳言红豆以外的材料都放进锅中，用中火煮沸后转成小火，一直煮到出现黏稠感（糖度40%~45%）。

2

离火，加入大纳言红豆搅拌，在室温中放凉，并待其入味。

小贴士

可冷冻保存2周。

无花果红酒酱

材料 / 10碟（容易制作的分量） 使用10g

细砂糖……30g
浸泡无花果的糖液（参照第144页）……全量

做法

将细砂糖及糖液放入锅中，用中火加热至出现黏稠感。

小贴士

可冷藏保存7天。

烤无花果

材料 / 3碟（容易制作的分量）
使用1个

A 红酒……200g
　细砂糖……70g
　柠檬（1cm厚的片状）
　……1片
　肉桂棒……1/4根
　八角茴香……1/2个
　丁香花蕾……1个
无花果（小）……3个
大纳言无花果酱
　（参照第143页）……30g

做法

1 将A放入锅中，用中火煮沸，做成糖液。

2 将整个无花果放入深口料理碗中，倒入糖液，覆上保鲜膜（直接盖在材料上），浸泡1小时。

3 取出无花果，用厨房用纸擦干糖液，切除尾端的一小部分。

4 将无花果排列在烤盘上，放入排气阀打开的烤箱中，以100℃烘烤60~80分钟。

5 将大纳言无花果酱放入裱花袋中，从无花果底部的凹洞填入果酱。

小贴士

＊浸泡无花果的糖液在制作无花果红酒酱（第143页）时会用到。
＊依照无花果的大小调整烘烤时间。
＊可常温保存1天。

砂糖综合坚果

材料 / 20碟（容易制作的分量）
使用全量

A 开心果……50g
　杏仁条……50g
　核桃仁……50g
B 细砂糖……75g
　水……30g

做法

1 将A放入排气阀打开的烤箱中，以170℃烘烤10~15分钟，将三种坚果分别烤上色，再切碎。

2 将B放入锅中，用中火加热至118℃。

3 加入坚果，关火，用木铲从底部往上翻动，慢慢搅拌到坚果表面的糖液因结晶而变白，接着铺在烤盘中放凉。

小贴士　和干燥剂一起放在密封容器中，常温下可保存7天。

莲花脆饼香料

材料 / 11.3g　使用11g

肉桂粉……5.5g
肉豆蔻粉……1.3g
姜粉……1.3g
丁香粉……0.8g

小豆蔻粉……0.8g
茴香粉……0.8g
黑胡椒粉……0.8g

小贴士

和干燥剂一起放在密封容器中，常温下可长期保存。

做法
将全部材料放入碗中搅拌。

莲花脆饼香料奶酥

材料 / 20碟（容易制作的分量）　使用8g

黄油……90g

A　甜菜糖……75g
　　盐……0.8g
　　莲花脆饼香料（参照上面）……3g

B　牛奶……7.5g
　　蛋黄……18g

C　低筋面粉……94.5g
　　高筋面粉……94.5g

准备

将黄油放入搅拌碗中，中速将其搅拌至顺滑状态。

加入A、搅拌好的B、混合并过筛的C，每次加入都充分搅拌均匀，搅拌至没有颗粒的状态后，放入冰箱冷藏1天。

做法

从冰箱中取出奶酥面团后，透过粗筛网压到烤盘上。

将压好的奶酥面团铺匀，放入冰箱中冷藏15分钟左右使其变硬。

从冰箱中取出，放入排气阀打开的烤箱中，以160℃烘烤20分钟左右，将奶酥均匀地烤上色。

小贴士

＊使用搅拌机时请装上搅拌叶片。
＊烘烤前的奶酥面团可以冷冻保存3周。烤好的奶酥和干燥剂一起放入密封容器中，常温下可保存5天。

法式吐司

材料 / 40个（容易制作的分量）

使用2个

A 干酵母粉……1.5g
   三温糖……3g
   温水（40℃）……30g
高筋面粉（过筛）……160g

B 盐……3g
   三温糖……25g

C 鲜奶油（脂肪含量35%）
   ……40g
   牛奶……50g
   蛋黄……20g
黄油……85g

D 鸡蛋……90g
   甜菜糖……84g
   枫糖浆……15g
牛奶……375g
熔化的黄油……30g

小贴士

＊使用搅拌机时请装上搅拌叶片。
＊烤好之后可以冷藏保存3天。

做法 ＊图片中为2倍分量。

1 将A放入碗中混合。

2 盖上湿毛巾，在28℃的常温中静置10分钟。

3 将过筛的高筋面粉及B放入搅拌碗中搅拌，接着加入步骤2的材料及C，以中速搅拌5分钟。

4 将恢复至常温的黄油掰成碎块加入，以中速搅拌至材料表面光滑。

5 揉成一块面团后，放入涂有色拉油（分量外）的碗中。

6 盖上湿毛巾，在30℃的环境中发酵1~1.5小时。

7 将面团放在撒了面粉（分量外）的操作台上，分成10份并滚圆，再将面团排列在撒了面粉（分量外）的烤盘上。

8 盖上湿毛巾，在30℃的环境中发酵1小时。

9 用擀面杖擀开，压出空气。从一端将面团卷起，收起开口处，包成圆形。

10 将直径5.5cm的圈模排列在铺有硅胶垫的烤盘上，将圈模内侧涂上色拉油（分量外），再放入面团。

11 盖上湿毛巾，在30℃的环境中发酵40分钟左右。

12 盖上一层烘焙纸，再盖上一个烤盘。

13 放入排气阀关闭的烤箱中，以180℃烘烤15分钟，将面团整体均匀地烤上色。

将D放入碗中搅拌，分次加入热过的牛奶搅拌。

趁热加入熔化的黄油，过滤至量杯中。

将吐司从圈模中取出，横向切成两半后排列在烤盘中，并淋上步骤15的材料，在常温中浸泡30分钟。

再将吐司对半切，排放在铺有烘焙纸的烤盘上，放入排气阀打开的烤箱中，以160℃烘烤30分钟左右，将吐司烤至酥脆。

坚果莲花脆饼香料风味冰淇淋

材料 / 20碟（容易制作的分量） 使用15g

A 蛋黄……110g
　细砂糖……80g
　莲花脆饼香料（参照第145页）……8g

B 牛奶……300g
　鲜奶油（脂肪含量35%）……291g
　蜂蜜……105g
砂糖综合坚果（参照第144页）……全量
无花果（半干，切成5mm见方的块）……100g

做法

将A放入碗中搅拌。

将B放入锅中，用中火煮沸后，分次加入步骤1的碗中搅拌。

倒回锅中，一边搅拌一边以小火至中火加热至82℃。

过滤至碗中。

将碗泡入冰水中，使温度降至10℃以下。

放入冰淇淋机中，搅拌至冰淇淋液因打入空气开始发白，并且变硬到可以附着在搅拌叶片上的程度。

加入砂糖综合坚果和无花果继续搅拌。

小贴士

＊冰淇淋液中空气含量太多的话，冰淇淋会变得太硬，须特别注意。
＊可冷冻保存2周。

装饰巧克力

材料／100g（容易制作的分量）　使用5g
A　黑巧克力（可可含量70%以上）……50g
B　黑巧克力（可可含量70%以上）……100g
伏特加（酒精含量75%以上）……适量

准 备

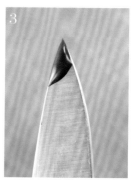

将A放入耐热碗内，放入微波炉中以500W的功率加热数次，每次加热30秒，直到熔化。

加入B，放入微波炉以500W的功率加热数次，每次加热5秒，将巧克力熔化，搅拌均匀，并注意不要让温度超过30℃。

用不锈钢刀等工具的尖端蘸取巧克力，静置一会儿，确认巧克力是否已经凝固（凝固就代表调温完成）。

做 法

将调温完成的巧克力放入裱花袋中，放进冰箱中冷藏3小时以上。再将其挤入装有伏特加的杯子中。

取出巧克力，放在铺有厨房用纸的烤盘中晾干，再放入冰箱中冷藏1小时左右，使其完全凝固。

小贴士

＊此分量为可以顺利调温的最小分量。
＊调温时注意不要让空气进入巧克力里面。
＊可冷藏保存7天。

〈 摆盘 〉

材料／1人份
无花果红酒酱……10g
莲花脆饼香料奶酥……8g
烤无花果……1个
法式吐司……2个

装饰巧克力……5g
鲜奶油（脂肪含量35%，9分发）……5g
坚果莲花脆饼香料风味冰淇淋……15g
大纳言红豆、苋菜叶……各适量

无花果红酒酱

坚果莲花脆饼香料
风味冰淇淋

大纳言红豆

鲜奶油

莲花脆饼香料奶酥

苋菜叶

装饰巧克力

法式吐司

烤无花果

摆盘窍门 / 容器：大浅口盘（直径24cm）

1

用勺子舀取无花果红酒酱放入盘中。

2

放上莲花脆饼香料奶酥，摆上烤无花果。

3

放上法式吐司。

4

放上大条的装饰巧克力。

5

放上用小勺子舀取的梭子状鲜奶油。

6

放上用大勺子舀取的梭子状坚果莲花脆饼香料风味冰淇淋。

7

将小条的装饰巧克力及大纳言红豆放在鲜奶油上。

8

用苋菜叶装饰。

Savarin à l'orange, pamplemousse et Hassaku

香橙、葡萄柚软糖、八朔酱汁佐香橙樱桃萨瓦林

香橙樱桃萨瓦林、八朔酱汁、
香橙冻、葡萄柚软糖等

用香橙、葡萄柚软糖及八朔酱汁等搭配萨瓦林制成了这道甜点。
因为萨瓦林面团中拌入了樱桃果泥，所以香橙糖浆的分量可以减少。
这道甜点活用了萨瓦林本身柔软又带有弹性的口感及其风味，带出了味道的层次感。
香橙冻及葡萄柚软糖的细丝状外观也让人觉得十分清爽。

八朔酱汁

材 料 / 8碟（容易制作的分量）　使用18g

A 细砂糖……14g
　玉米淀粉……3g
八朔（或白果肉葡萄柚）汁……130g
黄油……6g
拿破仑橙酒……6g

小贴士

可冷藏保存3天。

做 法

将A放入碗中搅拌，加入1/4量的八朔汁搅拌。

将剩下的八朔汁放入锅中，用中火煮沸后加入步骤1的材料，一边加热一边搅拌。

加热至沸腾且出现黏稠感后离火，加入黄油混合均匀。

倒入碗中，将碗泡入冰水中使温度降至40℃，加入拿破仑橙酒，用手持式搅拌机搅拌。

香橙酱

材 料 / 10碟（容易制作的分量）　使用15g

A HM果胶……1.2g
　细砂糖……4.5g
B 浓缩香橙果泥……65g
　香橙汁……100g
　三温糖……12g
　蜂蜜……6g
拿破仑橙酒……6g

小贴士

可冷藏保存3天。

做 法

将A放入碗中搅拌，再加入在另一个碗中混合好的B的1/4，搅拌。

将剩余的B放入锅中以中火加热煮沸。

关火，加入步骤1的材料，再以中火加热并搅拌，熬煮至水分减少2成（糖度60%）。

倒入碗中，将碗泡入冰水中使温度降至20℃，加入拿破仑橙酒搅拌。

香橙冻

材料 ／ 15cm×60cm的1片（容易制作的分量）　使用1/2片

香橙汁……75g
寒天粉……1g
干邑橙酒……3g

小贴士

可冷藏保存3天。

做法

将65g香橙汁放入锅中，以中火加热至将要沸腾的状态。

加入用10g香橙汁泡开的寒天粉，用中火加热煮沸，转成小火，熬煮1分钟。

关火，加入干邑橙酒搅拌均匀。

在铺有OPP塑料纸的托盘上放上4根木条，围成15cm×60cm的长方形。倒入步骤3的材料，用刮板等工具将其抹成薄片状。

放入冰箱冷藏1小时使其冷却凝固。

从冰箱中取出后，去掉木条，将四边切齐，再切成两半，撕掉塑料纸。

葡萄柚软糖

材料 ／ 15cm×60cm的1片（容易制作的分量）　使用1/2片

A 细砂糖……22.5g
　 HM果胶……1.2g
葡萄柚汁（白色）……165g
蜂蜜……9g
海藻糖……适量

小贴士

可常温保存1周。

做法

将A放入碗中搅拌，加入葡萄柚汁及蜂蜜搅拌均匀。

倒入锅中，以中火加热至103℃（糖度70%）。

在铺有OPP塑料纸的托盘上放上4根木条，围成15cm×60cm的长方形。倒入步骤2的材料，用刮板等工具将其抹成薄片状，放在常温中干燥1天。

去掉木条，将四边切齐，表面撒上海藻糖，再切成两半，撕掉塑料纸。

装饰用香橙冻及葡萄柚软糖

材料／2碟（容易制作的分量）　使用20g
香橙冻（参照第152页）……1/2片
葡萄柚软糖（参照第152页）……1/2片

做法
将葡萄柚软糖与香橙冻重叠在一起，对折，切成3mm宽的细丝。

小贴士

可冷藏保存2天。

香橙糖浆

材料／340g（容易制作的分量）　使用全量

A 香橙汁……160g
　细砂糖……80g
　黄油……20g

B 干邑橙酒……50g
　茴香酒……38g

小贴士

可冷藏保存3天。

做法

将A放入锅中，用小火加热，一边搅拌一边使黄油熔化。

倒入碗中。

将碗泡入冰水中，使温度降至40℃。

从冰水中取出，加入B搅拌。

香橙樱桃萨瓦林

材料／3cm×8cm×3cm的硅胶模具8个（容易制作的分量） 使用1/2个

A 干酵母粉……6g
  细砂糖……10g
  温水（40℃）……20g

B 蛋黄……16g
  樱桃果泥……100g
  鲜奶油（脂肪含量35%）
  ……20g

C 高筋面粉……126g
  细砂糖……22g
  黄油……16g
  香橙糖浆（参照第153页）
  ……340g

做法

将A放入搅拌碗中轻轻搅拌，覆上保鲜膜，在常温中静置10分钟左右（准备发酵）。

在另一个碗中放入B搅拌，分次加入步骤1的材料搅拌。

将过筛的C放入搅拌碗中，用手持式搅拌机低速搅拌，再加入步骤2的材料，中速搅拌至面糊不会粘在碗上的状态。

加入恢复常温的黄油搅拌，揉成圆形面团。

放入碗中，覆上保鲜膜，在30℃的环境中发酵30~40分钟。

将面团放入裱花袋中，在模具中挤入1/2高的面团。一边用手给面团涂上色拉油（分量外），一边将面团紧实地塞进模具中。

在30℃的环境中发酵30分钟。

在模具上盖上一层硅胶垫（或烘焙纸），再盖上一个烤盘。

放入排气阀关闭的烤箱中，以170℃烘烤20分钟左右。接着取下上面的烤盘，继续烘烤10分钟左右。

从烤箱中取出后放凉，将凸出的外缘切掉，每块萨瓦林大小相同，并将其横向切成两半，排列在料理盘中。

倒入香橙糖浆，浸泡30分钟。

小贴士

＊使用搅拌机时请装上搅拌钩。
＊发酵时将材料放置在30℃的室温中；或利用烤箱的发酵功能，将温度设定为30℃。
＊可冷藏保存1天。

〈 摆盘 〉

材料 / 1人份

香橙樱桃萨瓦林……1/2个

鲜奶油（脂肪含量35%，9分发）……15g

卡仕达酱（参照第10页）……10g

香橙果肉（去除薄膜，切成一口大小）……4瓣的分量

装饰用香橙冻及葡萄柚软糖……20g

八朔酱汁……18g

香橙酱……15g

茴香花、琉璃苣花、旱金莲花……各适量

装饰用香橙冻及葡萄柚软糖，
下面由上至下是香橙果肉、
卡仕达酱、鲜奶油

琉璃苣花

茴香花

八朔酱汁

旱金莲花

香橙樱桃萨瓦林

香橙酱

摆盘窍门 / 容器：大圆盘（直径24cm）

在盘中间摆上香橙樱桃萨瓦林。

用装有圆形花嘴的裱花袋在萨瓦林上面挤上条状的鲜奶油。

再用另一个裱花袋在鲜奶油中间挤上条状的卡仕达酱。

放上香橙果肉。

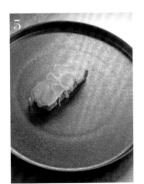

放上装饰用香橙冻及葡萄柚软糖。

挤点鲜奶油，放上茴香花，用琉璃苣花、旱金莲花装饰。

用勺子舀取八朔酱汁，在盘中画上圆点。

用勺子舀取香橙酱，滴在最大的八朔酱汁圆点上，并且在周围均匀地画上圆点。

155

Combinaison d'avocat, orange et gingembre

牛油果、香橙与生姜味杏仁海绵蛋糕的组合

牛油果慕斯、香橙果酱、酱油香草冰淇淋、
砂糖生姜碎、砂糖橙皮丝、香草味酥屑等

这是用牛油果、搭配性佳的香橙及可以提味的酱油香草冰淇淋等组合成的一道甜点。
整道甜点的主要部分是隐藏在满满牛油果慕斯下面的生姜味杏仁海绵蛋糕。
牛油果在甜点中是少见的材料，所以在享用这道甜点时会有许多惊喜。

牛油果酱

材料 ／ 10碟（容易制作的分量） 使用50g
牛油果果肉……110g 干邑橙酒……2g
柠檬汁……12.5g 三温糖……30g

做法
将所有材料放入碗中，用手持式搅拌机打成泥状，
再过滤。

小贴士

可冷藏保存1天。

牛油果慕斯

材料 ／ 4碟（容易制作的分量） 使用15g
牛油果酱（参照上面）……50g
鲜奶油（脂肪含量35％，8分发）……20g

做法
将所有材料放入碗中，快速搅拌均匀。

小贴士

可冷藏保存1天。

香橙果酱

材料 ／ 20碟（容易制作的分量） 使用8g
香橙皮……33g
A 香橙果肉……75g
水……100g
细砂糖……37g
浓缩香橙果泥……30g

小贴士

＊煮香橙皮的过程中如果水变
少可以加水。
＊可冷冻保存2周。

准备

将香橙皮洗干净。烧一锅热水
（分量外），将香橙皮放入锅
中去涩，倒掉热水。再重复两
次这个操作。

做法

1

切除香橙皮内部白色的部分，
将香橙皮切成长3mm左右的
丁。

2

在锅中放入香橙皮丁及A，用
中火加热，将香橙皮丁煮软，
并使材料出现黏稠感（糖度
40％）。

3

关火，加入浓缩香橙果泥搅
拌，再倒入碗中，将碗泡入
冰水中隔水降温。

生姜味杏仁海绵蛋糕

材料 / 直径7cm的半球形烤模30个（容易制作的分量）　使用1个

生姜（去皮）……31g　　　低筋面粉……22g
鸡蛋……118g　　　　　　黄油……40g
糖粉……58.2g　　　　　 黑巧克力（粒状或纽扣状）
杏仁粉……61g　　　　　　……200g

做法

将生姜切块，用搅拌机以高速搅拌成泥状。

在搅拌碗中放入鸡蛋及糖粉，一边搅拌一边隔水加热至50℃。

停止隔水加热，加入杏仁粉，用搅拌机（中速）搅拌至颜色发白且出现黏稠感的发泡状态。

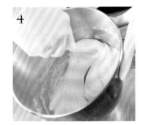

加入过筛的低筋面粉，用硅胶刮刀拌匀。

将黄油放入碗中，隔水加热使其熔化，并趁热加入步骤1的生姜泥，搅拌均匀。

在步骤5的碗中加入少量的步骤4的材料搅拌。

将步骤6的材料倒回步骤4的材料中充分搅拌。

在铺了烘焙纸的烤盘中倒入大约5mm厚的做好的面糊。

烤盘下再叠一个烤盘，放入排气阀打开的烤箱中，以170℃烘烤15分钟左右，将其稍微烤上色。

从烤盘中取出蛋糕，放在冷却架上冷却。冷却后取下来，切除焦色的表面。

用直径10cm的圈模压成圆形，并切除1/8。

将蛋糕放入直径7cm的半球形烤模中，如果有空隙，再将切下来的1/8块蛋糕切成适当的大小，填满空隙。

将1/2量的巧克力放入耐热碗内，放进微波炉中，以500W的功率分次加热，每次30秒，搅拌使其熔化，并将温度调整成48℃。

加入剩下的巧克力，充分搅拌，并注意不要混入空气。

巧克力熔化后再测量温度，如果温度在27℃以下的话，再放进微波炉中以500W的功率分次加热，每次间隔5秒，将温度调整为32℃。

用刷子蘸取巧克力，在蛋糕上薄薄地涂一层，再放入冰箱中冷藏30分钟左右，使其冷却凝固。

酱油香草冰淇淋

材料 / 25碟（容易制作的分量）　使用1个

A 牛奶……140g
　鲜奶油（脂肪含量35%）……140g
　细砂糖……47.5g
　香草荚……1/3个

B 蛋黄……52g
　细砂糖……47.5g
焦糖（参照第66页）……42.7g
酱油（浓口）……12g

做法

将A放入锅中，用中火加热煮沸后关火，覆上保鲜膜静置1小时。

将步骤1的材料再次以中火煮沸，分次慢慢加入在碗中混合好的B中，搅拌。

搅拌后倒回锅中，一边搅拌，一边以中火至小火加热至82℃。

过滤至碗中，加入焦糖，用手持式搅拌机搅拌。

将碗泡入冰水中，使温度降至10℃以下。

从冰水中取出，加入酱油，混合均匀。

放入冰淇淋机中，搅拌至冰淇淋液因打入空气开始变白，并且变硬到可以附着在搅拌叶片上的程度。

小贴士

＊冰淇淋液中空气含量太多的话，冰淇淋会变得很硬，必须特别注意。
＊使用做好的冰淇淋，用15mL的冰淇淋挖球勺制作一个冰淇淋球。
＊可冷冻保存2周。

砂糖橙皮丝

材料 / 10碟（容易制作的分量）　使用3g
香橙皮（切除内侧的白色部分）……30g
细砂糖……100g
水……200g

小贴士

＊将材料一直加热到香橙皮丝出现透明感且变软（糖度50%），过程中水分减少可以加水（分量外）。
＊和干燥剂一起放在密封容器中，常温下可保存7天。

做法

煮一锅沸水（分量外），将洗净的香橙皮放入锅中水煮，沥干。再重复两次同样的步骤，然后将香橙皮切成丝状。

在锅中放入香橙皮丝、细砂糖和水，用中火加热煮沸，一直加热到香橙皮丝变软。

捞出香橙皮丝，用厨房用纸轻轻地将糖液擦干，再放入细砂糖（分量外）中，使香橙皮丝裹满细砂糖。

放到铺有烘焙纸的烤盘上，在室温中静置12小时，待其干燥。

砂糖生姜碎

材料 / 10碟（容易制作的分量） 使用5g
生姜……105g
细砂糖……112g

做法

1 将生姜去皮，用清水洗净，用厨房用纸擦干，再切成细丝。

2 烧一锅热水（分量外），放入生姜丝，水煮3分钟后再用滤网捞起。再重复一次同样的步骤。

3 在锅中放入生姜丝及细砂糖，再加入可以盖过生姜丝的水（分量外），一边以中火加热，一边去除杂质。

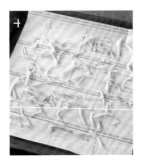

4 用厨房用纸将生姜丝擦干，放到铺有烘焙纸的烤盘上，在室温中静置3天，待其干燥。

5 待其表面的糖结晶并发白，且摸起来不黏之后再切成碎粒。

小贴士

＊将材料一直加热至生姜丝出现透明感且变软（糖度55%），过程中水分减少可以加水（分量外）。

＊和干燥剂一起放在密封容器中，常温下可保存7天。

脆饼

材料 / 50片（容易制作的分量） 使用5片
黄油……50g　　　低筋面粉……50g
水……50g　　　细砂糖……100g

小贴士

和干燥剂一起放在密封容器中，常温下可保存5天。

做法

1 在碗中放入水和隔水加热熔化的黄油，轻轻拌匀。

2 在另一个碗中放入过筛的低筋面粉及细砂糖搅拌，接着加入步骤1的材料，搅拌到没有粉粒的状态。

3 将步骤2的材料放入OPP塑料纸制成的裱花袋中，在铺了硅胶垫的烤盘中挤上直径1cm的圆形面糊，每个圆形面糊之间间隔2cm。

4 放入排气阀打开的烤箱中，以200℃烘烤8分钟左右，将脆饼烤上色。

160

〈 摆盘 〉

材料 / 1人份

香橙果酱……8g
香草味酥屑（参照第28页）……7g
牛油果（1cm见方的块）……6块
香橙……1/8个

酱油香草冰淇淋……1个
生姜味杏仁海绵蛋糕……1个
牛油果慕斯……15g
脆饼……5片

砂糖生姜碎……5g
砂糖橙皮丝……3g
蛋白酥（参照第28页）……3个
花瓜草花……适量

花瓜草花

蛋白酥

生姜味杏仁海绵蛋糕，
下面分别是
酱油香草冰淇淋、
牛油果、香橙、
香橙果酱、
香草味酥屑

脆饼

砂糖橙皮丝

牛油果慕斯

砂糖生姜碎

香草味酥屑

摆盘窍门 / 容器：深口盘（直径21cm、深8cm）

1 将香橙果酱置于容器底部，周围撒上5g香草味酥屑。

2 放上牛油果块及切成一口大小的香橙。

3 用15mL的挖球勺挖1个酱油香草冰淇淋，放在步骤2的水果上。

4 将生姜味杏仁海绵蛋糕当作盖子盖在上面。

5 淋上牛油果慕斯，用脆饼装饰。

6 撒上砂糖生姜碎，并放上砂糖橙皮丝。

7 放上蛋白酥，在周围撒上2g香草味酥屑。

8 用花瓜草花装饰。

Pêches jaunes rôties et parfumées aux clous de girofle

丁香冰淇淋佐烤黄桃

烤黄桃、丁香冰淇淋、白巧克力慕斯球、
焦糖杏仁粒、砂糖松子、姜味百香果酱等

用朗姆酒煎烤酸甜适中、果肉紧实的黄桃，
再用姜味百香果酱、丁香冰淇淋等材料作为搭配，
制成一道富有异域风味的甜点。
白巧克力慕斯球中填入黄桃及杏桃等制成的果酱，
增加一点小惊喜。

双桃果酱

材 料 / 12碟（容易制作的分量）　使用60g

黄桃……250g

杏桃（半干）……25g

三温糖……85g

丁香花蕾（整粒）……1个

柠檬汁……1g

丁香粉……适量

小贴士

可冷藏保存7天。

做 法　＊图片中为2倍分量。

1　将黄桃去皮去核，切成1cm见方的块。再将杏桃切碎。

2　在锅中加入步骤1的材料、三温糖、丁香花蕾，用中火加热至出现浓稠感（糖度40%~45%）。

3　倒入碗中，将碗泡入冰水中降温。

4　从冰水中取出，依喜好添加柠檬汁及丁香粉，搅拌均匀。

丁香冰淇淋

材 料 / 22碟（容易制作的分量）　使用2个

A 牛奶……364g

　鲜奶油（脂肪含量35%）……100g

　细砂糖……30g

　丁香花蕾（整粒）……2个

B 蛋黄……60g

　蜂蜜……70g

　海藻糖……30g

巧克力食用色素（橙色、黄色）……各适量

做法

1　将A放入锅中，用中火煮沸后关火，覆上保鲜膜闷10分钟。

2　将B放入碗中搅拌，加入步骤1的锅中，用中火加热至82℃。

3　过滤至碗中，将碗泡入冰水中，使温度降至10℃以下。

4　放入冰淇淋机中，搅拌至冰淇淋液因打入空气开始变白，并且变硬到可以附着在搅拌叶片上的程度。

5　用挖球勺挖成小圆球，再用喷枪依次喷上黄色及橙色的巧克力食用色素。

小贴士

＊冰淇淋液中空气含量太多的话，冰淇淋会变得很硬，必须特别注意。

＊可冷冻保存7天。

黄桃片

材料 / 30cm×30cm的1片（容易制作的分量） 直径2.8cm的使用3片、直径3.5cm的使用1片
双桃果酱（参照第163页）……50g

做法

 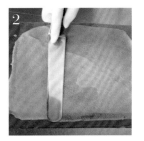 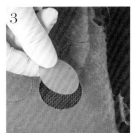 

1 将双桃果酱放入杯中，用手持式搅拌机打成泥状。

2 用刮刀在硅胶垫上涂上一层30cm×30cm的薄薄的正方形果泥，放入排气阀打开的烤箱中，以100℃烘烤10分钟，将表面烘干，再用直径3.5cm及直径2.8cm的圈模压出形状。

3 再放入排气阀打开的烤箱中，以90~100℃烘烤2~3小时。烤好之后将黄桃片从烘焙垫上取下来。

小贴士

和干燥剂一起放在密封容器中，常温下可保存3天。

白巧克力慕斯球

小贴士

＊可冷冻保存3天。
＊参照第39页白巧克力慕斯做法的步骤1~6及第106页杧果造型白巧克力做法的步骤1~3制作。

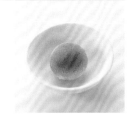

材料 / 直径4.5cm的半球形硅胶模具7个（容易制作的分量） 使用1个
白巧克力慕斯糊（参照第39页）……200g
双桃果酱（参照第163页）……10g
巧克力食用色素（橙色、黄色）……各适量

做法

1 参照第39页制作白巧克力慕斯糊，放入裱花袋中，再挤进直径4.5cm的半球形硅胶模具中，放入冰箱中冷冻3小时使其冷却凝固，再参照第106页杧果造型白巧克力的做法制成球体。

2 将球体的洞口朝下放在料理盘中，用喷枪喷上黄色的巧克力食用色素。

3 将喷枪内的巧克力食用色素换成橙色的，喷在球体顶端。

4 将双桃果酱放入裱花袋中，再填入球体内。

苹果柠檬果胶

材料 / 20碟（容易制作的分量） 使用5g

A 水……112.5g   苹果力娇酒……10g
  细砂糖……18g   柠檬汁……10g
B HM果胶……2.7g
  细砂糖……2.5g

小贴士

可冷藏保存3天。

做 法

将A放入锅中以中火煮沸。在
碗中放入B混合好，再慢慢倒
入煮好的A搅拌均匀。

将步骤1的材料倒回锅中，用
中火煮至出现黏稠感。

倒入碗中，再将碗泡入冰水中，
一边搅拌一边降温。

从冰水中取出，加入苹果力娇
酒及柠檬汁搅拌。

烤黄桃

材 料 / 3cm×8cm×3cm的硅胶模具4个（容易制作的分量）　使用1个

黄桃……2个	朗姆酒……20g
黄油……30g	细砂糖、苹果柠檬果胶（参照第164页）……各适量
A 细砂糖……32g	
杏桃果泥……140g	

做 法

将黄桃去皮切成两半，取下果
核之后每块再切成两半。

将黄油放在平底锅中，以中火
加热步骤1的黄桃果肉及果核，
将其煎出焦色。

将A放入锅中，用中火加热，
再加入朗姆酒，继续加热。

将步骤3的黄桃切成1cm见方
的块后，填入烤模中。

放入排气阀打开的烤箱中，以
150℃烘烤1.5~2小时。

从烤箱中取出，放到料理盘上，
撒上细砂糖，用喷火枪炙烤。

用烘焙毛笔蘸取果胶，涂在步
骤6的材料上增添光泽。

小贴士

＊加热黄桃时煮出的酱汁在摆
盘时会用到。

＊可冷藏保存3天。

焦糖杏仁粒

材料 / 10碟（容易制作的分量） 使用4粒
杏仁（去皮）……100g
细砂糖……100g
水……20g

做法

1 将杏仁放在排气阀打开的烤箱中，以160℃烘烤15分钟左右，将杏仁稍微烤上色。

2 将水和细砂糖放入锅中，用中火加热至106℃。

3 加入杏仁后关火，一直搅拌到杏仁表面因糖结晶而变白。

4 接着用中火加热煮成深焦糖色。

5 在烤盘上铺上硅胶垫，放上焦糖杏仁粒，将其涂上色拉油（分量外），带上隔热手套，将杏仁粒分开。

小贴士

＊焦糖杏仁粒非常烫，操作时要戴上隔热手套。
＊和干燥剂一起放在密封容器中，常温下可保存7天。

砂糖松子

材料 / 10碟（容易制作的分量） 使用7g
松子……50g
细砂糖……25g
水……10g

做法

1 将松子放入排气阀打开的烤箱中，以160℃烘烤15分钟左右，将松子稍微烤上色。

2 在锅中放入水和细砂糖，用中火加热至106℃。

3 加入松子后关火，一直搅拌到松子表面因糖结晶而变白后，将其铺在烤盘上放凉。

小贴士 和干燥剂一起放在密封容器中，常温下可保存7天。

姜味百香果酱

材 料 / 12碟（容易制作的分量）　使用20g

A　细砂糖……48g
　│HM果胶……5.38g
百香果酱……15g

B　细砂糖……60g
　水饴……42g
　百香果酱……50g
　杧果果泥……15g
　生姜（切碎）……30g
　盐……1.5g

白巧克力（可可含量36%）
　……24g
柠檬汁……22.5g
黄油……40.5g

做 法　＊图片中为2倍分量。

将A放入碗中搅拌，接着加入百香果酱拌匀。	将B放入锅中用中火加热，加入步骤1的材料煮至出现浓稠感（糖度50%）。	过滤至碗中，加入白巧克力及柠檬汁搅拌使其乳化。将碗泡在冰水中冷却，使温度降至35℃。	从冰水中取出，加入恢复至室温的黄油，用手持式搅拌机搅拌使其乳化。

小贴士　可冷冻保存2周。

〈 摆盘 〉

材 料 / 1人份

姜味百香果酱……20g
烤黄桃……1个
砂糖松子……7g
焦糖杏仁粒……4粒
烤黄桃酱汁……5g

白巧克力慕斯球……1个
丁香冰淇淋……2个
黄桃片……直径2.8cm的3片、直径3.5cm的1片
西洋蓍草叶、三色堇花、黄花波斯菊、马鞭草花、茴香花……各适量

摆盘窍门 / 容器：大圆盘（直径24cm）

用勺子舀取姜味百香果酱，在圆盘上画出线条。

放上烤黄桃。

撒上砂糖松子。

放上焦糖杏仁粒。

将烤黄桃酱汁放入裱花袋中，在盘子上挤出圆点。

用西洋著草叶、三色堇花、黄花波斯菊、马鞭草花、茴香花装饰。

放上白巧克力慕斯球。

放上丁香冰淇淋。

大的黄桃片放在慕斯球上，小的放在冰淇淋上。

Mariage de légumes et fruits

蔬果组合

胡萝卜慕斯、荔枝雪糕、糖煮大黄、
荔枝风味打发鲜奶油、甜椒果酱、
蔬果酱、胡萝卜覆盆子酱等

这是一道以胡萝卜、甜椒、番茄等蔬菜为主角制成的甜点。
同时安排大黄、覆盆子、荔枝等甜点中常用的材料登场，
才使它看起来像是一道甜点而不是料理。
因为蔬菜的纤维比水果的要紧实，
所以蔬菜可以做成各种形状，适合用来制作具有动感的甜点。

胡萝卜泥

材料 / 160g（容易制作的分量） 使用147g
胡萝卜……180g
细砂糖……胡萝卜泥的2成分量

小贴士

可冷冻保存2天。

做法

1 将胡萝卜去皮，切成1cm见方的块。

2 在锅中加入胡萝卜和可以盖过胡萝卜的水（分量外），用中火加热，煮沸后盖上盖子，转成小火一直煮到胡萝卜变软。

3 将胡萝卜捞入碗中，用手持式搅拌机搅拌成泥状，再用滤网过滤。

4 趁热称重，加入细砂糖搅拌均匀。

胡萝卜慕斯

材料 / 直径4.5cm的半球形硅胶模具15个（容易制作的分量） 使用1个
胡萝卜泥（参照上面）……90g 鲜奶油（脂肪含量35%，
百香果酱……10g 8分发）……30g
吉利丁片……1.1g

小贴士

可冷冻保存7天。

做法

1 将胡萝卜泥和百香果酱放入锅中，用中火煮沸。

2 加入用冰水（分量外）泡开的吉利丁片，使其溶入材料中。接着倒入碗中，将碗泡入冰水中，一边搅拌一边使温度降至28℃。

3 加入鲜奶油搅拌均匀。

4 将慕斯糊放入裱花袋中，再挤入硅胶模具中，放进冰箱冷冻2小时，使其凝固定型。

荔枝风味打发鲜奶油

材料 / 7碟（容易制作的分量） 使用15g
鲜奶油（脂肪含量35%）……100g
荔枝力娇酒……1g

做法
将鲜奶油及荔枝力娇酒放入搅拌碗中，用搅拌机中速打至8分发。

小贴士

＊使用搅拌机时请装上搅拌球。
＊可冷藏保存1天。

糖煮大黄

材料 / 10碟（容易制作的分量）　使用8块

大黄（新鲜）……100g

三温糖……40g

细砂糖……20g

白酒……可以盖过材料的分量

香橙（大，1cm厚的圆片）……1/2个的分量

做法

1

将大黄连皮切成大约2cm长。

2

将大黄及其余材料放入锅中用中火加热，煮沸后关火。

3

煮好之后倒入碗中，覆上保鲜膜（直接覆盖在材料上），放在常温中待其慢慢入味。

小贴士

＊大黄很快就会变软，煮的时候要注意。

＊可冷藏保存3天。

蔬果酱

材 料 / 15碟（容易制作的分量）

使用10g

胡萝卜（带皮，5mm见方的块）

　……50g

甜椒（红，带皮，1cm见方的块）

　……50g

番茄（带皮，2cm见方的块）

　……40g

葡萄（带皮，无籽，切成两半）

　……100g

香橙果肉（切半）……100g

三温糖……72g

做法

1

将全部材料放进锅中，用小火熬煮。

2

用手持式搅拌机打成泥状，过滤至碗中，将材料中的水分挤干。

小贴士

可冷冻保存2周。

甜椒果酱

材料 / 20碟（容易制作的分量）　使用10g

甜椒（焯水去皮，切成1cm见方的块）……100g

菠萝酱……100g

覆盆子果泥……20g

三温糖……30g

做法

将全部材料放进锅中，用小火一直加热到甜椒变软（糖度40%）。

小贴士

可冷冻保存2周。

荔枝雪糕

材料 / 40碟（容易制作的分量）　使用2个

荔枝酱……300g

细砂糖……40g

酸奶酪……30g

柠檬汁……15g

转化糖……13g

荔枝力娇酒……16g

小贴士

＊雪糕液中空气含量太多的话，雪糕会变得很硬，必须特别注意。

＊在材料两侧放上1cm高的方形木条，有助于擀出均匀的厚度。

＊可冷冻保存2周。

做法

1	2	3	4
将全部材料放入碗中搅拌均匀，再将碗泡入冰水中，使温度降至10℃以下。	放入冰淇淋机中，搅拌至雪糕液因打入空气开始变白，并且变硬到可以附着在搅拌叶片上的程度。	将步骤2的材料倒在铺有OPP塑料纸的操作台上，盖上一张塑料纸，将材料夹在中间，用擀面杖擀制成大约1cm厚。	放入冰箱冷冻3小时后，从冰箱中取出，切成1cm见方的块。

胡萝卜覆盆子酱

材料 / 6碟（容易制作的分量）　使用20g

A　胡萝卜泥（参照第170页）……57g

　│　牛奶……25g

覆盆子果泥……适量

做法

将A放入碗中搅拌，搅拌的同时加入覆盆子果泥，将颜色调整成橘色。

小贴士

可冷藏保存5天。

〈 摆盘 〉

材料 / 1人份

胡萝卜覆盆子酱……20g

糖煮大黄……8块

卡仕达酱（参照第10页）……10g

葡萄（2mm厚的圆片）……4片

胡萝卜慕斯……1个

荔枝风味打发鲜奶油……15g

香橙（1cm见方的块）……3块

杧果（1cm见方的块）……3块

蔬果酱……10g

甜椒果酱……10g

荔枝雪糕……2个

大黄（新鲜）、胡萝卜、花瓜草花……各适量

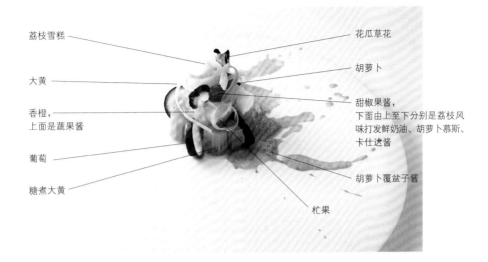

荔枝雪糕 — 花瓜草花

大黄 — 胡萝卜

香橙，
上面是蔬果酱 — 甜椒果酱，
下面由上至下分别是荔枝风
味打发鲜奶油、胡萝卜慕斯、
卡仕达酱

葡萄 —

糖煮大黄 — 胡萝卜覆盆子酱

杧果

摆盘窍门 / 容器：大圆盘（直径30.5cm）

用勺子舀取胡萝卜覆盆子酱，
在盘子上画上图案。

放上糖煮大黄。

在糖煮大黄的中心放上卡仕达
酱，并在糖煮大黄的间隙中竖
直摆上葡萄片。

放上胡萝卜慕斯，再叠上荔枝
风味打发鲜奶油。

在鲜奶油周围交替放上香橙块
和杧果块，再从上方淋上蔬果
酱。

放上甜椒果酱。

用削皮刀将胡萝卜和大黄削成
薄片状，卷成环状做装饰。

用花瓜草花装饰，并放上荔枝
雪糕。

Fondant aux marrons, saveur d'automne

秋之味 栗子熔岩蛋糕

栗子熔岩蛋糕、涩皮栗子、甘薯脆片、朗姆酒冰淇淋、
栗子慕斯、黑醋栗慕斯、栗子鲜奶油、南瓜酱等

以栗子为主要材料，制作出松软又温暖的秋之美味。
盘式甜点的绝妙之处，就在于能够使冷、热、软、硬等
元素碰撞，做出一道极致的甜点。
除了上述元素之外，还有迷迭香和黑醋栗、和风和西洋风之间的对比。

涩皮栗子

材料 / 15碟（容易制作的分量）　使用适量
栗子（大、带壳）……500g
小苏打粉……14g
三温糖……275g

做法　＊图片中为2倍分量。

1 将栗子和可以盖过栗子的水（分量外）放入大锅中，用中火加热10分钟左右。

2 关火，取出栗子，剥除栗子的外壳，保留薄皮（涩皮）的部分。

3 将栗子和可以盖过栗子的水（分量外）、1/3量的小苏打粉放入锅中，用中火加热5分钟，再用小火加热5分钟。

4 倒掉煮栗子的水，将栗子放入盆中，再加一些水（分量外）防止栗子变干。

5 换水（分量外），用手剥除每个栗子的粗纤维和较硬的薄膜。

6 在锅中加入可以盖过栗子的水（分量外）和1/3量的小苏打粉，用中火加热，煮沸后转成小火加热5分钟。煮好后再重复一次上述步骤。

7 不加小苏打粉，再重复两次同样的步骤。再加入1/3量的三温糖，用同样的方法加热一次，静置1天。

8 将步骤7的后半步重复两次。将栗子过滤至碗中，和糖液分开。

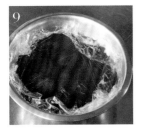

9 在另一个碗中加入栗子和可以将栗子完全浸泡的糖液，覆上保鲜膜（直接覆盖在糖液上），放入冰箱中冷藏1天（b），并将剩下的糖液（a）倒回锅中。

10 用中火熬煮a使其变浓稠，淋在b的栗子上增添光泽。

11 从碗中取出栗子，切成两半。

小贴士

＊将有洞及泡在水中会浮起来的栗子挑除。
＊剥除栗子外壳的时候要小心，不要破坏薄皮。
＊可冷冻保存2周。

栗子鲜奶油

材料 / 10碟（容易制作的分量）　使用20g
涩皮栗子（参照上面）……30g
鲜奶油（脂肪含量35%，7分发）……100g

做法
将切成碎粒的涩皮栗子和鲜奶油一起放入碗中，用打蛋器打至9分发。

小贴士

可冷藏保存1天。

栗子熔岩蛋糕

材料 / 直径5.5cm、高4.5cm的圈模4个
（容易制作的分量）　使用1个

黄油……50g

A┌ 栗子泥……141g
　│ 泡打粉……2.5g
　│ 细砂糖……30g
　│ 蛋黄……73g
　└ 蛋白……44g

朗姆酒……8g

涩皮栗子（参照第175页）……2个
（每个圈模使用1/2个）

小贴士

＊使用搅拌机时请装上搅拌叶片。
＊加入A搅拌时如果材料产生分离的情况，可以稍微隔水加热。
＊烘烤前的材料可以冷藏保存1天，烤成蛋糕之后可常温保存1天。

做法

1　将黄油加入搅拌碗中，用搅拌机高速搅拌至顺滑。依照材料中的顺序加入A，搅拌到材料变浓稠且出现光泽，接着加入朗姆酒拌匀。

2　在圈模内侧放入卷成一圈的烘焙纸，在底部放入1/2个涩皮栗子。将步骤1的材料放入裱花袋中，挤入圈模中填至8分满。

3　放入排气阀关闭的烤箱中，以180℃烘烤8~10分钟，烤到中心还有一点半液体材料为止。

栗子酱

材料 / 13碟（容易制作的分量）　使用30g

栗子糊……155g

A┌ 栗子奶油……55g
　│ 栗子泥……72g
　└ 栗子糊……30g

黄油……45g
朗姆酒……12g
栗子力娇酒……8g

小贴士

可冷冻保存2周。

做法

1　将栗子糊放入碗中搅拌，加入A充分混合。

2　分次加入恢复常温的黄油，充分搅拌。

3　一边隔水加热，一边将材料搅拌成顺滑的泥状。

4　停止隔水加热，加入朗姆酒及栗子力娇酒搅拌。

迷迭香风味卡仕达酱

材料 / 10碟（容易制作的分量）　使用15g

A┌ 鲜奶油（脂肪含量35%）……130g
　│ 牛奶……91g
　│ 香草荚……1/2个
　└ 细砂糖……23g

迷迭香……3g
蛋黄……48g
海藻糖……20g
玉米淀粉……10g

小贴士

可冷藏保存7天。

做法

参照第10页卡仕达酱的做法制作（加入迷迭香的时间和A相同）。

栗子慕斯

材 料 / 直径4cm的半球形硅胶模具15个（容易制作的分量） 使用1个

A 牛奶……27.5g
   细砂糖……13.5g
吉利丁片……2.1g
栗子糊……117.5g

B 朗姆酒……2.8g
   鲜奶油（脂肪含量35%，7分发）
   ……178g

小贴士

可冷冻保存7天。

做 法 ＊图片中为2倍分量。

 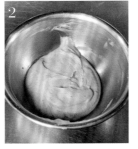  

1 将A放入锅中用中火煮沸，离火后加入用冰水（分量外）泡开的吉利丁片搅拌。

2 将搅拌好的栗子糊放入碗中，分次加入步骤1的材料，一边搅拌，一边在常温中待温度降至28℃。加入B搅拌。

3 放入裱花袋中，挤入半球形硅胶模具中，放入冰箱冷冻3小时使其冷却凝固。

4 从冰箱中取出、脱模，每个切成4块。

南瓜酱

准 备

做 法

材 料 / 20碟（容易制作的分量）
使用20g

A 牛奶……100g
   肉桂棒……1/4根
   香草荚……1/6个
南瓜……1/6个

B 甜菜糖……15g
   盐……1g
栗子力娇酒……3g

将A放入锅中，用中火煮沸后覆上保鲜膜，放凉后放入冰箱冷藏1天。（a）

1 将南瓜去皮去籽，切成小块放入耐热碗中，用微波炉以500W的功率加热5分钟。

2 将a过滤至碗中，再倒入锅中加热，煮热后离火。

3 趁南瓜还热的时候加入B及少量的步骤2的材料，用手持式搅拌机打成泥状。

4 分次加入剩下的步骤2的材料，搅拌成顺滑的酱汁后加入栗子力娇酒。

小贴士

＊因为各种南瓜有不同的风味，如果味道偏甜可以加点盐（分量外）调味。
＊可冷冻保存2周。

黑醋栗慕斯

材料 ／ 7碟（容易制作的分量）　使用3个

黑醋栗果泥……50g　　　A　黑醋栗力娇酒……4.5g
吉利丁片……2.4g　　　　│　鲜奶油（脂肪含量35％，8分发）……50g
　　　　　　　　　　　　　　意式蛋白霜（参照第47页）……50g

做法　＊图片中为2倍分量。

1 将黑醋栗果泥放入锅中，用中火加热，煮热后离火，加入用冰水（分量外）泡开的吉利丁片搅拌。

2 倒入碗中，将碗泡入冰水中使温度降至28℃。加入A混合，再加入冰的意式蛋白霜搅拌均匀。

3 搅拌好之后放入装有圆形花嘴的裱花袋中，在铺有OPP塑料纸的烤盘上挤上圆顶状的小圆饼，放入冰箱冷冻3小时使其冷却凝固。

小贴士

＊意式蛋白霜使用前要保持冰凉的状态。
＊可冷藏保存7天。

甘薯脆片

材料 ／ 10碟（容易制作的分量）　使用1片

甘薯（形状偏细长）……1/3个
色拉油、细砂糖……各适量

做法

1 用切片器将甘薯切成薄片。

2 将色拉油放入平底锅中加热至150℃，将甘薯片炸熟后铺在厨房用纸上吸取多余的油。

3 在碗中放入细砂糖，再放入甘薯片，使其裹满细砂糖。

小贴士

和干燥剂一起放入密封容器中，常温下可保存3天。

〈 摆盘 〉

材料 ／ 1人份

迷迭香风味卡仕达酱……15g
栗子鲜奶油……20g
涩皮栗子……1.5个
黑醋栗慕斯……3个
栗子酱……30g
栗子慕斯（切成4块）……1个
栗子熔岩蛋糕……1个

南瓜酱……20g
甘薯脆片……1片
蛋白酥（参照第28页）……2个
香草味酥屑（参照第28页）……5g
朗姆酒冰淇淋（参照第18页）……1个
装饰巧克力（参照第148页）……5g
旱金莲的叶子、枫叶……各适量

枫叶
栗子熔岩蛋糕
蛋白酥
栗子慕斯
南瓜酱
涩皮栗子
香草味酥屑

迷迭香风味卡仕达酱
装饰巧克力
下面是朗姆酒冰淇淋
甘薯脆片
旱金莲的叶子
黑醋栗慕斯，下面是栗子鲜奶油
栗子酱

摆盘窍门 / 容器：浅口大盘（直径24cm）

用勺子舀取迷迭香风味卡仕达酱，在盘子上画线条。

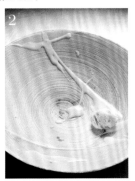

放上梭子状的栗子鲜奶油。

放上涩皮栗子及黑醋栗慕斯。

将栗子酱放入裱花袋中，挤在涩皮栗子旁边，放上栗子慕斯。

摆上栗子熔岩蛋糕，用勺子舀取南瓜酱淋在盘子上。

用旱金莲的叶子装饰，放上甘薯脆片及蛋白酥，再撒上香草味酥屑。

用15mL的挖球勺挖1个朗姆酒冰淇淋放入盘中。

用枫叶及装饰巧克力装饰。

Chocolat au yuzu et poivre du Sichuan, parfumé aux graines de sésame

柚子和山椒风味的抹茶热那亚杏仁蛋糕

柚子风味布蕾、山椒风味巧克力冻、
玄米茶冰淇淋、抹茶热那亚杏仁蛋糕、
芝麻山椒榛子果仁糖、白兰地柚子酱等

使用巧克力、柚子、山椒粉、芝麻、
抹茶和玄米茶等材料制作，
使这道甜点呈现出细腻变化的风味。
果仁糖和经过炒制的糙米、芝麻的
香气交织在一起，
可以让人感受到独特的味觉对比。
在花朵和香草的装饰下，甜点在雅致之中不失华美。

柚子果酱

材料 / 10碟（容易制作的分量） 使用10g

柚子……5个
水……250g
细砂糖……125g
柚子汁……10g

做法 ＊图片中为2倍分量。

小贴士

可冷藏保存5天。

1 洗净柚子、去皮，用汤匙把柚子核取出。

2 在锅中烧开水（分量外），放入步骤1中的柚子皮，焯水后将水倒掉，将皮上的白色絮状物摘除后切成短段。将果肉随意切成小块。

3 在另一个锅中加入水、细砂糖和柚子汁，将步骤2中的材料一并放入，中火煮至柚子皮变软。

4 关火，用手持式搅拌机打成泥状。

英式蛋奶酱

材料 / 25碟（容易制作的分量） 使用10g

A ｜ 细砂糖……30g
｜ 蛋黄……40g

B ｜ 细砂糖……30g
｜ 香草荚……1/3个
｜ 牛奶……87g
｜ 鲜奶油（脂肪含量35％）
｜ ……87g

做法

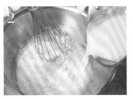

小贴士

可冷藏保存2天。

1 将A放进碗中搅拌均匀。

2 将B放进锅中，中火煮沸，然后慢慢放进步骤1的混合液中搅匀。

3 将混合液倒回锅中，用中火加热至82℃，用滤网过滤到另一个碗中。

4 将混合液过滤到碗中后用冰水隔水冷却。

山椒风味巧克力冻

材料 / 15碟（容易制作的分量） 使用60g

黑巧克力（可可含量56％）……25g
黑巧克力（可可含量72％）……25g
黑巧克力（可可含量64％）……20g
牛奶巧克力（可可含量40％）……20g

A ｜ 可可粉……5g
｜ 细砂糖……50g

B ｜ 鲜奶油（脂肪含量35％）……100g
｜ 黄油……20g
｜ 盐……1g
｜ 焦糖酱（参照第95页）……45g

牛奶……60g
蛋黄……40g
白兰地……15g
山椒粉……1.5g

做法

参照第96页红酒风味巧克力冻的做法制作（把牛奶和B混合，山椒粉和蛋黄、白兰地混合）。

小贴士

＊当材料内部变软、表面变硬时，可从烤箱中取出。
＊可冷藏保存3天。

覆盆子柚子软糖

材料 ／ 10碟（容易制作的分量） 使用6个

A 覆盆子果泥……50g
 柚子汁……20g
 水饴……10g
 海藻糖……41g

B HM果胶……0.6g
 细砂糖……41g
 覆盆子果泥……20g

做法

将A放入锅中，一边搅拌一边中火加热。

将B放入碗中快速搅拌，再加入少量覆盆子果泥混合。

将步骤2的材料和剩余的覆盆子果泥放入步骤1的混合液里，一边搅拌均匀一边用中火加热到103℃。

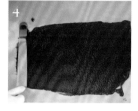
将液体倒在OPP塑料纸上，并铺成2~3mm厚、10cm×30cm大小，在常温下干燥2~3天。

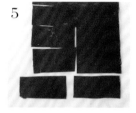
把软糖片从塑料纸上取下，切去多余的边角部分，先切成两半，再切成约2.5cm×5cm的长方形。

将小软糖片卷起，切成两段。

小贴士

与干燥剂一起放入密封容器中，常温下可保存5天。

香橙柚子软糖

材料 ／ 15碟（容易制作的分量） 使用4个

三温糖……12g
蜂蜜……7g
浓缩香橙果泥……10g

A 细砂糖……3g
 HM果胶……0.8g

B 柚子汁……50g
 香橙汁……50g
 拿破仑橙酒……1g

做法

参照第46页佛手柑软糖的做法制作，用B代替佛手柑果泥放进锅中。将干燥后的软糖片切成10cm×30cm的大小。

切成2.5cm×5cm的小片。

从一端卷起，卷成宽松的圆筒状。

小贴士

与干燥剂一起放进密封容器中，常温下可保存5天。

玄米茶冰淇淋

材料 / 20碟（容易制作的分量）
使用20g
水……15g
玄米茶（未冲泡）……8g
A 牛奶……180g
鲜奶油（脂肪含量35%）
……60g
细砂糖……30g
B 蛋黄……74g
细砂糖……30g

做法

1 用中火将锅中的水烧开后放入玄米茶，蒙上纱布蒸3分钟。

2 在另一个锅中放入A并用中火烧开，然后将步骤1中的材料放入，蒙上纱布蒸3分钟。过滤到另一个锅中，挤出茶中的水分。

3 在碗中加入B并快速搅拌，将步骤2的材料慢慢加入并搅匀。

小贴士

＊冰淇淋液中空气含量太多的话，冰淇淋会变得很硬，必须特别注意。
＊可冷冻保存2周。

4 将材料放入锅里，中火加热至82℃。

5 将材料过滤到碗中，将碗放入冰水中冷却至10℃以下。

6 将材料放进冰淇淋机中，搅拌至冰淇淋液因打入空气开始变白，并且变硬到可以附着在搅拌叶片上的程度。

白兰地柚子酱

材料 / 20碟（容易制作的分量）　使用5g
A 白兰地……100g　　　　柚子汁……10g
细砂糖……50g
柚子（切成5mm厚的薄片）……2片

做法

1 将A放入锅中，用中火加热至液体剩余2/3的量。

2 将锅中的材料放入碗中，并放在冰水上冷却。

3 将冰水移开，加入柚子汁混合。

小贴士

可冷冻保存2周。

芝麻山椒榛子果仁糖

材料 / 20碟（容易制作的分量）　使用25g

芝麻……10g

榛子（带皮）……100g

水……30g

细砂糖……150g

山椒粉……适量

小贴士

与干燥剂一起放进密封容器中，常温下可保存5天。

做法

在锅中放入芝麻，小火炒出香味后倒入碗中恢复至常温。

参照第130页的做法，制作榛子果仁糖并放入另一个碗中。

在榛子果仁糖中加入芝麻并混合，再放入山椒粉调味。

糖渍柚子皮

材料 / 10碟（容易制作的分量）　使用7~8根

柚子……1个

A　水……66g

　　细砂糖……10g

细砂糖……适量

做法

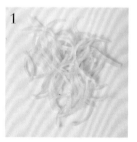

洗净柚子，取果皮，放进开水（分量外）中焯三次后取出，将果皮内侧的白色絮状物去除后撕成细长条。

将A放入锅中，中火煮沸制成糖浆。加入果皮，加热至果皮变软。

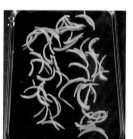

将果皮放在厨房用纸上擦干，置于烤盘上放至剩余少许水分的状态。

在碗中放入细砂糖，将步骤3的果皮放进去，并使细砂糖沾满果皮表面。

将果皮平铺在放有烘焙纸的烤盘上，在常温下干燥1天。

小贴士

＊锅中的水在果皮变软前变少的话，要适量添水。

＊与干燥剂一起放进密封容器中，常温下可以保存7天。

抹茶热那亚杏仁蛋糕

材料 / 15碟（容易制作的分量）
使用1个

A　杏仁粉……60g
　　细砂糖……75g
　　甘曼怡酒……12.5g
　　抹茶……5g
　　盐……1g

B　黄油……25g
　　牛奶……15g

C　鸡蛋……95g
　　细砂糖……72.5g

D　低筋面粉……19g
　　泡打粉……1g

山椒风味巧克力冻（参照第181
　　页）……30g

芝麻山椒榛子果仁糖（参照第
　　184页）……15g

小贴士

在涂上巧克力冻之前的蛋糕坯
可以冷冻保存3周。

做法

1

参照第11页热那亚威风蛋糕
的步骤1~10，制作出蛋糕
坯；先切成3cm×9cm的长方
形，再斜切成两半。

2

给除切面和底面以外的每一面
都涂上山椒风味巧克力冻。

3

在涂上了巧克力冻的面撒满芝
麻山椒榛子果仁糖。

柚子风味布蕾

材料 / 40碟（容易制作的分量）　使用10g

黑巧克力（可可含量64%）……40g
黑巧克力（可可含量56%）……26g
可可粉……4g
细砂糖……5g
玉米淀粉……5g

牛奶……130g
鲜奶油（脂肪含量35%）……90g
蛋黄……25g
柚子汁……20g

做法

参照第97页巧克力布蕾的步骤1~4制作布蕾液，并混入柚子汁。
参照步骤5进行烘烤，烤好之后紧紧地覆上保鲜膜，在常温中
放凉后，再放入冰箱中冷藏2小时使其凝固定型。

小贴士

可冷藏保存2天。

〈 摆盘 〉

材料 / 1人份

抹茶热那亚杏仁蛋糕……1个
覆盆子柚子软糖……6个
香橙柚子软糖……4个
柚子果酱……10g
白兰地柚子酱……5g
山椒风味巧克力冻……30g
英式蛋奶酱……10g
芝麻山椒榛子果仁糖……10g

柚子风味布蕾……10g
糖渍柚子皮……7~8根
覆盆子……1个
糖衣可可豆碎（参照第98页）……2g
玄米茶冰淇淋……20g
山椒叶、茴香花、薄荷叶、马鞭草花、琉璃苣花、
　细叶香芹……各适量

覆盆子柚子软糖，
中间是英式蛋奶酱

细叶香芹

糖衣可可豆碎

英式蛋奶酱

柚子风味布蕾

玄米茶冰淇淋

芝麻山椒榛子果仁糖

香橙柚子软糖，
中间是柚子果酱

山椒叶

琉璃苣花

糖渍柚子皮

抹茶热那亚杏仁蛋糕

马鞭草花

茴香花

白兰地柚子酱

覆盆子

薄荷叶

山椒风味巧克力冻

摆盘窍门 / 容器：大圆盘（直径24cm）

将抹茶热那亚杏仁蛋糕摆入盘中，放上两种软糖。

将柚子果酱放入裱花袋中，挤在香橙柚子软糖中。

在两种软糖附近淋上白兰地柚子酱，并用裱花袋挤上山椒风味巧克力冻。

用勺子舀取英式蛋奶酱，放入覆盆子柚子软糖中，并淋在周围。

用山椒叶装饰，在两种软糖附近放上芝麻山椒榛子果仁糖。

用茴香花、薄荷叶、马鞭草花、琉璃苣花装饰，并将柚子风味布蕾放入裱花袋中，在盘上挤出圆点。

放上糖渍柚子皮及覆盆子，用细叶香芹装饰，并整体撒上糖衣可可豆碎。

放上梭子状的玄米茶冰淇淋。

Cahier de présentation des desserts à l'assiette

盘饰甜点的制作技巧

盘饰甜点是由

主体、配料、装饰

三个部分组合而成的,

可以从组合方式中

看出盘饰甜点的多样性。

1 基本构成

主体和配料的材料可以随时互换。根据甜点的设计确定某样材料属于主体还是配料。

〈 属于主体与配料的材料 〉

酥皮
可丽饼
舒芙蕾
熔岩蛋糕
面包
慕斯
布蕾
冰淇淋
雪糕
季节蔬菜等

香橙、葡萄柚软糖、
八朔酱汁佐香橙樱桃萨瓦林（第150页）

这是由萨瓦林及酱汁等构成的简单甜点。
精心组合的作品，
让品尝的第一口到最后一口都充满乐趣。

〈 装饰用材料 〉
＊奶油类
 卡仕达酱
 英式蛋奶酱
 打发鲜奶油
 香缇奶油酱
 奶酪等
＊酱料类
 奶油基底（英式蛋奶酱等）
 红酒基底（红酒酱等）
 水果果泥基底（覆盆子酱等）
 淋面酱
＊面糊（面团）类
 卷
 奶酥
 酥皮
 戚风蛋糕及热那亚杏仁蛋糕等
＊水果、坚果类
 水果软糖
 砂糖坚果或砂糖果干
 糖衣坚果或糖衣果干等
＊其他
 装饰用巧克力（做成想要的造型）
 香草
 食用花
 蔬菜或水果等

薰衣草风味
熔岩巧克力蛋糕（第117页）

除了在味道上呈现出一致性以外，
主体熔岩巧克力蛋糕周围搭配了许多
也可以当作主料的迷人配料。

无花果、红豆、法式吐司
佐莲花脆饼香料奶酥（第142页）

由多达 7 种香料
组成的莲花脆饼香料，
让甜点充满了香料的芬芳。

2 制作流程

盘饰甜点从设计到摆盘都和一般制作甜点的
流程相同，不同之处在于盘饰甜点使用了冰
淇淋及卷等较纤细的材料，并且以多种配料
相组合。

设计甜点
确定主体、配料、各种装饰材料及容器
↓
制作主体、配料、各种装饰材料
↓
摆盘

3 设计甜点的方法

设计从哪一点着手，可以大致分为两种。
不论哪一种都可以完成甜点的制作。

方法 1
味道及口感

重视季节性，活用食材本味。
关键词为"香味""浓郁度""提味"。

*香味
  这里指的是将甜点放入口中时感觉到的香气。要让甜点微微
  飘香还是充满浓郁的香味呢？以季节为考量基准，决定使用
  带有哪种气味的食材（也可以是多种气味的组合），再和其
  他食材搭配。

*浓郁度
  具体来说是指油脂的平衡。思考一下要增添（或减少）多少
  油脂，才能在充分展现食材特点的同时又能增添味道的浓度。

*提味
  加入什么食材可以为甜点增加亮点，或是融合多种配料增添
  一致性，想一想可以用什么食材和形式提味。提味的食材不
  限一种，也可以是多种食材组合搭配出浓郁的味道。

巧克力合奏曲（第94页）

不单单使用以味道浓郁的
巧克力为基础制作的各种食材，
还加入了雪糕及糖煮红酒大黄等，
让口味更加平衡。

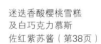

迷迭香酸樱桃雪糕
及白巧克力慕斯
佐红紫苏酱（第38页）

使用的力娇酒味道
与主体或配料对比明显，
它是带有类似桃子及荔枝
香甜味的接骨木花力娇酒。

葡萄柚蕨饼佐
加贺棒茶葡萄柚冰淇淋（第80页）

融合了西式及和式的味道。
为了活用食材的特色，
将甜点特别设计成精致小巧的模样，
并且放在白色小碗中，
更加凸显美丽的配色。

豆类、香蕉
及薏米茶冰淇淋的组合（第60页）

配合主体的豆类，
将配料及装饰材料也都做成一口大小，
搭配成一盘色彩缤纷的甜点。

柿子、香蕉与朗姆酒的千层派组合（第14页）

造型特殊的千层酥，
再加上其他诱人的配料及装饰材料，
让千层酥吃起来更加美味。

方法 2
视觉效果

通过脑海中描绘出来的形象来选择食材，
需要考虑到"颜色""形状""大小"等多种要素。

＊颜色

最容易展现出形象的要素是颜色。使用绿、红、黄、白、棕
（黑）等多种不同色系的颜色，甜点看起来就会比较缤纷华
丽；若是同色系或单色的话，甜点就会显得比较简洁。根据
想要呈现的形象来挑选颜色。

＊形状

使用多种材料搭配组合，就能自由地做出各式各样的形状。
除了口味及口感外，形状也能为甜点带来视觉上的惊喜。

＊大小

想要作品看起来小巧精致还是充满活力？作品的形象也由大
小来决定。小巧的作品其实也能给人强烈的印象及满足感。

＊装饰

随着想象的发展，原来设计为主体的材料也有可能变为装饰。
毫不设限、天马行空、自由发挥也是盘饰甜点的魅力。

＊容器

灵感来源可以是容器，所以容器也可以算是甜点的素材之
一。大圆盘和宽缘的容器比较好发挥创意，棕色及黑色的容
器则可以让甜点的形象更加鲜明。

柠檬雪糕佐果仁糖冰淇淋（第128页）

在梭子状的果仁糖冰淇淋上
摆满骰子状的柠檬雪糕，
形成圆顶状，在造型上增添趣味性。

基础技法 3
用酱汁描绘的方法

以下介绍的是酱汁的描绘方法，
大家可以自由享受创作的乐趣。

细线
描绘笔直的细线可以给人鲜明利落的印象。
（使用较稠的酱汁）

由粗到细的线条
通过线条的粗细变化增加律动感。
（使用较稠的酱汁）

立体的线条
可以将配料放在线条上。
（使用较稠的酱汁）

圆点
以大、中、小的圆点表现出独特的律动感。
（使用较稠的酱汁）

多彩的圆点
以多种颜色的酱汁描绘圆点，提升表现力。
（使用较稠的酱汁）

线与点
圆胖的线条及圆点展示出动态及立体感。
（使用较稠的酱汁）

各种线条
随意地画上各种相近的线条（细线等）。
（使用较稀的酱汁）

随意的点与线
用勺子舀取酱汁将其泼洒在盘子上。
（使用较稀的酱汁）

英文文字
文字的开头和结尾部分可以展现出动感，
并且在周围画上星星的图案。
（使用较稠的酱汁）

日文文字
文字周围可以用心形或圆点装饰。
（使用较稠的酱汁）

Assiette de dessert SENMONTEN NO SARAMORI DESSERT
© YUSUKE MATSUSHITA 2016
Originally published in Japan in 2016 by KAWADE SHOBO
SHINSHA Ltd.Publishers
Chinese (Simplified Character only) translation rights arranged with
KAWADE SHOBO SHINSHA Ltd.Publishers, TOKYO.
through TOHAN CORPORATION, TOKYO.

版权所有，翻印必究
备案号：豫著许可备字-2018-A-0038

松下裕介

Calme Elan 盘饰甜点专卖店主厨。
甜点专门学校毕业后，曾任职于东京、大阪、
石川等地的甜点店，10年后独立开设店铺。
2014年12月开设了名为"Calme Elan"的盘
饰甜点专卖店。

设　计　三上祥子
内文版式　山元美乃
摄　影　柿崎真子　浦田圭子
编辑助理　鹤留圣代
合　作　奥利维尔·德索博
　　　　（Olivier Desobeaux）

图书在版编目（CIP）数据

味觉与视觉的华丽盛宴：法式甜点盘饰技法 /（日）松下裕介著；唐振威，
严颖译. —郑州：河南科学技术出版社，2020.1
　　ISBN 978-7-5349-9771-6

Ⅰ.①味⋯　Ⅱ.①松⋯　②唐⋯　③严⋯　Ⅲ.①甜食—制作—法国　Ⅳ.①TS972.134

中国版本图书馆CIP数据核字（2019）第250491号

出版发行：河南科学技术出版社
　　　　　地址：郑州市郑东新区祥盛街27号　　邮编：450016
　　　　　电话：（0371）65737028　　65788613
　　　　　网址：www.hnstp.cn
策划编辑：刘　欣
责任编辑：葛鹏程
责任校对：吴华亭
封面设计：张　伟
责任印制：张艳芳
印　　刷：北京盛通印刷股份有限公司
经　　销：全国新华书店
开　　本：787 mm×1092 mm　1/16　　印张：12　　字数：350千字
版　　次：2020年1月第1版　　2020年1月第1次印刷
定　　价：69.00元

如发现印、装质量问题，影响阅读，请与出版社联系并调换。